수상한 생선의
진짜로 해부하는
과학책 1

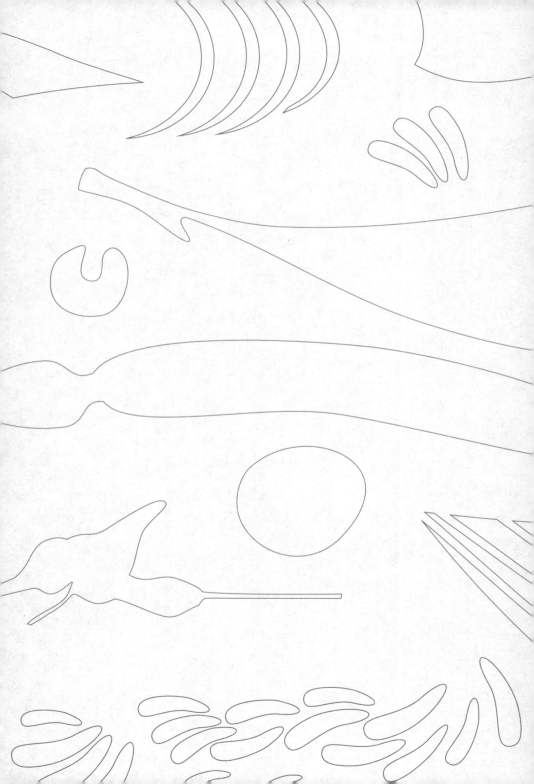

수상한 생선의 진짜로 해부하는 과학책 1

바다 생물

김준연 지음 | 최재천 감수

arte

수상한 생물 선생이 전하는
생물학의 재미

저는 〈수상한생선〉이라는 과학 유튜브 채널을 운영하며, 과학을 대중에게 알리는 과학 커뮤니케이터로 활동하고 있습니다. 〈수상한생선〉이라는 채널명은 '수상한 생물 선생'의 줄임말로, 많은 사람에게 생물학의 즐거움을 알리고 싶다는 각오가 담겨 있죠. 저는 유튜브 채널 운영 전에 고등학교에서 생물(생명과학) 교사로 근무했습니다. 교사 생활을 하던 중 문득 과학을 좀 더 폭넓게 체험할 수 있는 장이 마련되면 좋겠다는 생각을 했어요. 그래서 교과서와 교육과정을 바탕으로 하면서, 이론을 실제로 관찰하고 탐구하며 많은 사람에게 '생물학의 재미'를 보여 주고 싶다는 생각에 유튜브를 시작했죠.

이 책은 〈수상한생선〉 채널에 올린 영상 중 많은 구독자가 사랑한 해부 실험 콘텐츠를 모으고 다듬으며, 좀 더 상세히 탐구 과정을 밝히는 방향으로 집필했습니다. 종종 초중고등학교 선생님들에게 〈수상한생선〉의 영상을 부교재로 활용한다는 메시지를 받기도 하고, 생물학을 전공하는 대학원생들에게 영상을 참고해 연구를 진행한다는 이야기를 전해 듣기도 합니다. 제 콘텐츠가 도움이 되어 무척 기쁘면서도, 한편으로는 영상에서 스치며 다룬 내용에 대해 더 상세히 풀지 못한 아쉬움이 있었습니다.

그래서 책을 통해 배경지식을 보다 자세히 공유하고, 생물을 알아 가는 재미를 좀 더 느낄 수 있게끔 준비했습니다. 각 생물의 주요한 특징을 소제목만 눈으로 따라가도 알 수 있게끔, 생물 각 기관을 소개한 사진을 쓱 훑어만 봐도 탐구의 전 과정을 이해할 수 있게끔 구성했죠.

제가 해부 실험을 통해 여러분께 소개한 내용은 생물학의 한 분야인 '분류학'과 깊은 관련이 있습니다. 분류학은 지구상의 생물을 외부 형태와 내부 기관, 그리고 유전정보 등의 분류 기준을 토대로 연구하는 학문입니다. 해부 실험은 생물의 외부 형태와 내부 기관을 자세히 살필 수 있는 '분류학의 도구'라고 할 수 있죠.

그래서 『수상한생선의 진짜로 해부하는 과학책 1: 바다 생물』의 차례를 같은 분류군에 속하는 생물끼리 엮어서 구성했습니다. 같은 분류군에 속하는 생물의 몸 기관과 생활 습성 등 생물이 지닌 여러 공통점과 차이점을 비교하며 읽는다면, 내용을 더욱 알차게 즐길 수 있을 것입니다. 그러한 관점으로 이 책을 다 읽은 후 에필로그도 읽어 주세요. 에필로그에서는 분류학을 알게 되면 느낄 수 있는 생명의 비밀을 하나 공유하겠습니다!

이 책은 생물학자를 꿈꾸는 아이들과 학생들에게 좋은 참고서가 되기를 바라는 마음으로 썼습니다. 그리고 생물에 흥미가 없었거나 생물을 잘 알지 못했던 이들에게는 "생물이 이렇게 재미있는 거였어?" 하고 감탄할 수 있도록 흥미로운 정보를 가득 담아 두었죠. 일상에서 쉽게 접할 수 있는 생물들을 다루기에, 꼭 실험실이 아니어도 충분히 생물을 탐구하는 재미를 느낄 수 있을 것입니다. 아이들이나 학생들뿐만 아니라 부모님, 선생님도 함께 읽으며 식탁에서나 시장, 바닷가나 논밭에서 함께 대화할 수 있는 매개 역할을 한다면 좋겠습니다.

그럼, 지금부터 생물의 신비를 느끼러 가 볼까요?

1

물고기라고
다 같은 물고기가
아니다?

여러분, 상어는
굉장히 특이한 물고기랍니다.

어떤 점이 특이한가요?

상어는 우리가 흔히 보는 물고기들과는
'뼛속'부터 다른 생물이에요. 어류에서
'뼈'는 아주 중요한 분류 기준이 되죠.
상어의 아가미와 지느러미를 한번 떠올려 보세요.
어떤 점이 다른지 감이 오시나요?
자, 진짜 상어를 보러 갑시다!

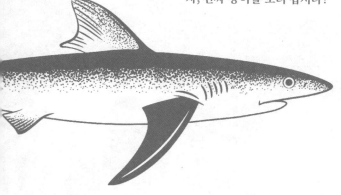

01 | 상어

뼛속부터 다른, 바다의 최상위 포식자

여러분께 진짜 상어를 소개하기 위해 해외에서 해부용으로 판매되는 상어를 구해 왔습니다. 제가 구한 상어는 해저 면에 서식하는 돔발상어라는 종이죠. 돔발상어는 상어 중에서는 크기가 작은 편에 속하지만, 그럼에도 불구하고 몸길이가 60센티미터가 넘기 때문에 이 책에서 살펴볼 생물 중에서는 가장 큰 생물입니다.

상어는 물속에서 아가미로 호흡하고 지느러미로 헤엄치는 척추동물인 '어류'의 한 종입니다. 즉, 상어도 물고기의 한 종류라는 거죠. 그런데 상어는 우리가 흔히 보는 어류와는 '뼛속'부터 다른 특이한 어류입니다. '뼛속부터 다르다'고 표현한 이유는 어류에서는 뼈가 아주 중요한 분류 기준이기 때문입니다.

어류는 크게 경골어류와 연골어류로 구분됩니다.[1] 경골어류는 딱딱한 뼈를 가지는 것이 특징이고 연골어류는 딱딱한 뼈 대신 질

긴 피부와 상대적으로 물렁물렁한 뼈인 연골을 가지는 것이 큰 특징이죠. 멸치, 참치, 고등어, 광어, 우럭 등 우리가 흔히 보는 어류 대부분은 경골어류에 속하고, 상어는 가오리류, 홍어류와 함께 연골어류에 속합니다. 이렇듯 상어는 우리가 흔히 접하는 경골어류가 아니라 연골어류에 속하는 어류이기 때문에 '뼛속부터 다르다'고 표현한 것이죠.

상어가 속하는 연골어류는 뼈뿐만 아니라 몸 구조에서도 경골어류와 다른 특이한 점이 많습니다. 그럼 상어를 자세히 관찰하며 연골어류의 특이한 특성들을 살펴볼까요?

상어는 제자리에서는 호흡하지 못한다?

상어는 얼굴 좌우에 구멍 5~7쌍을 가지고 있습니다. 이는 아가미구멍으로, 상어의 호흡기관인 아가미로 물이 드나드는 구멍입니다. 경골어류에는 보통 양쪽에 한 개씩 있고 연골어류에는 5~7개

---

1 고압의 심해에서 살아가는 상어를 보면, 어떻게 그런 극한의 환경에서 살 수 있는지 궁금할 때가 있죠? 경골어류는 뼈가 딱딱해 충격이나 압력에 취약하지만, 연골어류는 말랑말랑한 뼈를 지니므로 충격을 잘 흡수할 수 있답니다. 심해의 고압을 이겨 내기 훨씬 유리한 구조죠.
또, 경골어류는 단단한 뼈를 지녔기에 골격 화석이 남지만, 연골을 지닌 상어는 골격 화석이 아닌 턱뼈와 이빨 부위만 화석으로 남게 된답니다.

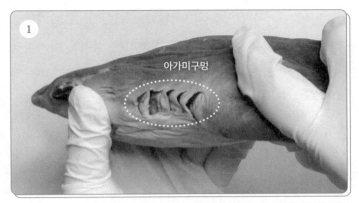

① 상어는 얼굴 옆쪽에 아가미구멍 5~7쌍을 지닌다. 경골어류는 아가미에 근육이 발달해 아가미를 뻐끔거리며 호흡하지만, 상어는 아가미 근육이 부족해 헤엄치는 과정에서 입으로 들어온 물을 통해 호흡한다.

② 분수공을 통해 들어온 물도 호흡에 사용된다. 분수공은 아가미와 연결된다.

씩 있죠. 경골어류는 아가미가 아가미덮개로 덮여 있고, 아가미에 근육이 발달해 아가미를 뻐끔거리며 호흡하지만, 상어는 아가미덮개 없이 아가미구멍만 있습니다. 그래서 상어는 주로 헤엄치며 입으로 들어오는 물을 아가미로 지나게 하는 방식으로 물속의 산소를 흡수하죠.

게다가 상어는 눈 뒷부분에 분수공이라는 구멍이 있는데, 분수공은 아가미 쪽으로 연결되어 있기 때문에 헤엄칠 때 분수공을 통해 들어온 물도 호흡에 사용합니다.[2]

이런 상어의 몸 구조 때문에 상어는 헤엄치지 않으면 아가미에 물의 흐름이 생기지 않아 호흡할 수 없다고도 알려져 있습니다. 하지만 상어 대부분은 턱과 인두의 근육으로 물을 빨아들여 호흡할 수 있다고 합니다. 그러니 상어는 헤엄치지 않으면 호흡하지 못한다는 것은 잘못 알려진 정보입니다.

---

2 분수공에 대해 자세히 알아볼까요? 분수공을 이루는 한자를 보면, '뿜을 분(噴)' '물 수(水)' '구멍 공(孔)'으로 물을 뿜는 구멍이라는 뜻이에요. 상어와 가오리 등 연골어류의 분수공은 눈 뒤쪽에 있어요. 연골어류는 이 분수공으로 물이 들어와 호흡에 필요한 산소를 얻습니다. 그래서 호흡공이라고도 부른답니다.
해저 바닥에 앉아 쉴 수 있는 상어들은 이 분수공을 주로 이용해 호흡하지만, 활발히 헤엄치는 회유성 상어는 분수공이 없거나 거의 퇴화되어 있죠.
1940년대까지만 해도 모든 상어는 헤엄치지 않으면 아가미로 산소를 보낼 수 없어 평생 헤엄쳐야만 하는 것으로 알려져 있었어요. 이는 스쿠버다이빙의 창시자 자크이브 쿠스토(Jacques-Yve Cousteau)의 다큐 소설 『침묵의 세계(The Silent World)』에서 헤엄치지 않고 잠자는 상어를 발견하면서 반박됩니다. 이후 '상어의 여인'이란 별칭의 어류학자 유지니 클라크(Eugenie Clark)에 의해 반복해 증명되었답니다.

상어가 등지느러미를 세우고 헤엄치는 이유는?

상어의 또 다른 특징으로는 물 밖으로 드러나는 등지느러미입니다. 영화에서는 상어의 커다란 등지느러미가 다가오는 모습으로 상어의 등장을 알리고 공포심을 부각하죠. 사실 상어가 등지느러미를 세우고 다니는 이유는 다른 생물들에게 두려움을 주기 위해서는 아닙니다. 단지 등지느러미를 접을 수 없기 때문이죠. 지느러미가 접히는 구조인 다른 어류와 달리 상어의 지느러미는 접히지 않습니다. 상어는 등지느러미뿐만 아니라 다른 지느러미들도 접히지 않는답니다. 이 또한 연골어류의 특징이라고 할 수 있어요.

상어의 지느러미들은 상어가 물속에서 빠르게 헤엄치고 먹이를 사냥하기에 특화된 형태를 띱니다. 상어의 등지느러미는 한 개 혹은 두 개로 헤엄치는 방향을 잡아 주는 역할을 하고, 가슴지느러미는 몸이 뒤집어지지 않도록 균형을 잡는 역할, 꼬리지느러미는 헤엄칠 때 추진력을 더하는 역할을 하죠. 일반 물고기의 꼬리지느러미는 위아래의 크기가 동일한 데 반해 상어의 꼬리지느러미는 윗부분이 좀 더 큰 경우가 많습니다. 이런 구조는 빠른 속도로 장거리를 헤엄치는 데 매우 유리하죠. 상어의 꼬리지느러미는 좌우로 흔들며 헤엄칠 때 위아래의 크기가 동일한 일반 물고기의 꼬리지느러미보다 물을 더 효율적으로 밀어내며 이동에 추진력을 얻습니다.

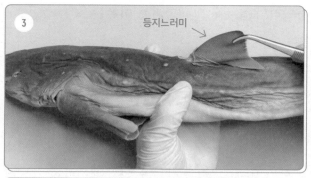

③ 상어의 등지느러미는 헤엄치는 방향을 잡아 주며 접히지 않는 구조이다.

④ 꼬리지느러미로는 헤엄의 추진력을 얻는다. 위아래의 크기가 동일한 일반 물고기의 꼬리
　지느러미보다 윗부분이 큰 구조는 빠른 속도로 장거리를 헤엄치는 데 유리하다.

⑤ 가슴지느러미는 몸이 뒤집어지지 않게 균형을 잡는 역할을 한다.

체내수정을 하는 아주 특이한 물고기

상어를 뒤집어 보면 배 밑부분에 배지느러미가 있는데, 상어는 배지느러미가 중요합니다. 상어의 특이한 번식 방법과 관련된 부위이기 때문이죠. 수컷 상어의 배지느러미에는 독특하게 생긴 기다란 기관이 한 쌍 달려 있는데, 이는 생식기, 즉 교미기인 클래스퍼라는 기관입니다. 상어는 생식기가 무려 두 개나 있어요. 상어는 배지느러미를 비교하면 암컷과 수컷을 쉽게 구분할 수 있답니다.

상어의 생식기가 두 개인 것도 놀랍지만, 더 놀라운 사실은 물고기가 생식기를 가졌다는 점입니다. 어류 대부분은 알 위에 정자를 뿌려서 몸 밖에서 수정이 이루어지는 체외수정을 합니다. 그래서 짝짓기 과정, 즉 생식기의 삽입 과정이 없죠. 하지만 수컷 상어는 클래스퍼로 암컷 몸속의 배설강 내부로 정자를 집어넣어 체내수정을 하는 아주 독특한 어류이죠.[3]

상어는 클래스퍼가 두 개지만 짝짓기에는 한 개만 사용합니다. 수컷이 암컷의 등이나 옆구리, 가슴지느러미를 이빨로 꽉 물어 몸이 움직이지 않게 고정한 다음 클래스퍼를 삽입해 체내수정을 합니다. 상어의 짝짓기를 관찰한 다이버들은 상어는 아주 '난폭한'

---

3 상어의 짝짓기는 암수가 휘어 감기듯 포옹하는 형태가 일반적입니다. 교미할 때 수컷이 암컷의 지느러미를 꽉 잡아 물기 때문에 수컷의 이빨이 암컷 이빨에 비해 강하고, 암컷의 지느러미는 수컷의 지느러미보다 두 배 이상 두껍고 질기다는 사실도 참 재미있죠?

수컷의 클래스퍼

⑥ 상어는 배지느러미로 암수를 구분하며, 수컷 상어의 클래스퍼는 두
개다. 어류는 대부분 체외수정을 하지만 상어는 클래스퍼를 통해 체
내수정을 한다.

암컷

짝짓기를 한다고 표현한답니다.

상어의 이빨은 계속해서 교체된다?

상어는 바다의 포식자라는 칭호에 걸맞게 종에 따라 어류부터 갑각류, 고래 등 매우 다양하게 섭취합니다. 상어는 거의 모든 종이 육식이며 먹이를 통째로 삼키거나 한입에 물어 삼키는 등 먹이를 뜯어서 먹습니다. 그래서 상어에게는 이빨이 아주 중요한 기관입니다. 그런데 특이하게도 상어의 이빨은 입 속에 겹겹이 여러 줄로 배열되어 있습니다. 게다가 상어 이빨은 시간이 지나며 앞쪽의 오래된 이빨이 빠지고 뒤쪽의 이빨이 이를 대체하며 앞으로 이동

⑦ 상어의 이빨은 입속에 여러 줄로 배열되며, 앞줄의 오래된 이빨이 빠지고 뒷줄의 새 이빨이 앞으로 나오는 형태로 교체된다.

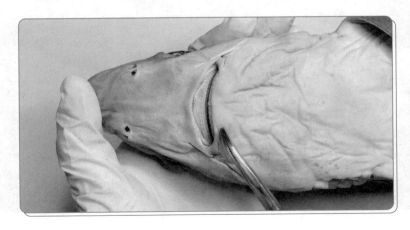

⑧ 상어 이빨 화석. 상어의 이빨은 평균 2주에 한 번씩 교체되고, 일부 종(흉상어목)은 평생 3만 개가 넘는 이빨을 갈아 치운다.

하는 형태로 계속해서 교체됩니다. 이 덕분에 상어는 이빨이 부러져도 새로운 이빨로 대체되고 언제나 튼튼한 이빨을 유지하며 무자비하게 먹잇감들을 공격하죠. 상어 이빨은 평균 2주에 한 번씩 교체되고, 일부 종(흉상어목)은 평생 3만 개가 넘는 이빨을 갈아 치울 정도로 자주 교체됩니다. 그래서 상어 이빨은 화석으로도 많이 발견되곤 한답니다.

끊임없이 헤엄쳐야 하는 상어의 운명

자, 이제 상어를 해부해 볼까요? 상어의 항문에서부터 배를 갈라서 열면 내부에 내장이 가득합니다. 상어의 내부 장기들 중 가장 큰 범위를 차지하고 있는 것은 간입니다. 상어가 속하는 연골어류는 경골어류와 달리 부력을 얻는 기관인 부레를 가지고 있지 않습니다. 그래서 연골어류는 부레 대신 커다란 간을 이용해 부력을 얻죠. 상어의 간을 잘라서 물에 띄워 보면 둥둥 뜨는 것을 볼 수 있습니다. 상어의 간은 기름이 풍부해서 물보다 가볍기 때문에(밀도가 낮기 때문에), 체내에서 부력을 제공하는 기능을 할 수 있는 것이죠. 이런 이유로 상어는 아주 커다란 간을 지닙니다.

하지만 이렇게 큰 간이 있어도 상어의 몸은 여전히 물보다 무겁기 때문에 헤엄치지 않고 가만히 있으면 몸이 가라앉습니다. 그래서 상어는 가라앉지 않기 위해서 끊임없이 헤엄을 쳐야 하는 운명이죠.

간을 걷어 내면 상어의 소화관이 아래쪽으로 이어지는 것을 볼

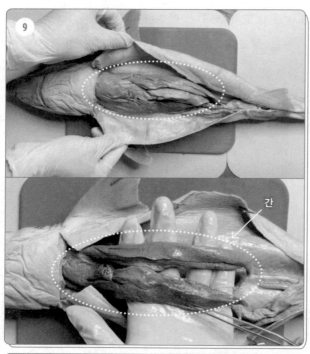

간

⑨ 상어의 간은 장기들 중 가장 크다. 기름이 풍부하고 밀도가 낮아 부레가 없는 상어의 체내에 부력을 제공하는 역할을 한다.

⑩ 간을 물에 띄워 보면 둥둥 뜬다. 간에는 기름이 풍부해서 물에 기름도 함께 뜨는 것을 볼 수 있다.

수 있습니다. J자 모양의 기관인 위와 장을 거쳐 소화관이 항문까지 이어지죠. 여기서 특이한 점이 하나 있습니다. 상어는 척추동물 중에서 장이 굉장히 짧다는 점이죠. 장이 짧으면 소화와 흡수 과정의 기회가 적어지기 때문에 척추동물 대부분은 길고 꼬여 있는 장을 가지도록 진화했습니다. 그런데 상어는 특이하게 짧은 장을 가지고 있답니다. 상어는 어떻게 이 짧은 장의 단점을 극복할까요?

상어는 짧은 장의 길이를 보완하기 위해 장 내부에 특이한 구조를 지닙니다. 상어의 장을 잘라 보면, 얇은 막들이 여러 겹으로 배열되어 있는 것을 관찰할 수 있죠. 놀랍게도 상어의 장은 먹이가 회전하며 이동하는 나선판 구조를 가집니다. 이렇게 내부의 음식물이 회전해 이동하면서 장과 음식물이 닿는 단면적이 넓어지고

⑪ 상어의 소화관. 소화관은 J자 모양의 위를 지나 장, 항문으로 이어진다. 같은 척추동물과 비교했을 때 상어의 장은 굉장히 짧은 편이다.

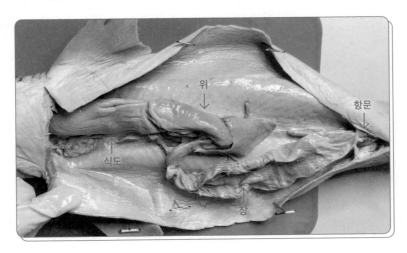

⑫ 상어의 장은 짧은 길이를 보완하기 위해 먹이가 회전하며 이동하는 나선판 구조를 지닌다.

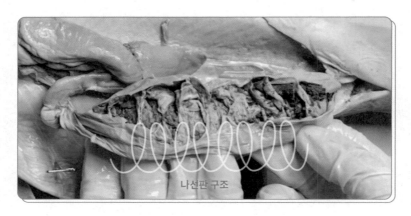

나선판 구조

음식물이 장에 오래 머물 수 있게 됩니다. 즉, 장의 길이가 짧아도 체내에서는 음식물이 충분히 소화되고 흡수되는 구조인 것이죠.

상어의 빠른 움직임의 비결

끝으로, 상어는 커다란 몸집에도 불구하고 수영 속도가 굉장히 빠릅니다. 가장 빠른 상어인 청상아리는 시속 70킬로미터가 넘는 속도로 헤엄친답니다. 상어가 이토록 빠른 이유는 상어의 독특한 피부 구조 덕분입니다. 상어의 피부는 부드러워 보이지만, 확대하면 머리에서 꼬리 방향으로 수많은 가시(이빨) 같은 비늘이 덮여 있는 것을 볼 수 있습니다.

상어의 피부를 꼬리 방향으로 만져 보면 부드럽지만, 그 반대 방향으로 만졌을 때는 사포처럼 거칠합니다. 이는 상어의 비늘이 꼬리지느러미 방향을 가리키며 배열되어 있기 때문인데, 이 가시형 비늘의 구조와 배열이 헤엄칠 때 발생하는 마찰저항을 현저히 줄입니다. 그래서 상어는 꽤 빠르게 헤엄칠 수 있는 거죠.

이런 비늘 돌기가 난 구조가 수영 속도에 얼마나 큰 영향을 미칠까 싶지만, 실제로 상어 비늘을 모방해 만든 전신수영복은 수영선수들의 기록에 지대한 영향을 미쳐서 현재 수영 대회에서는 사용이 금지되었을 정도로 효과가 뛰어나다고 합니다.

⑬ 주사전자현미경(SEM)을 통해 본 상어의 피부 돌기. 상어의 피부는 부드러워 보이지만, 확대해 보면 수많은 가시(이빨)형 비늘이 덮여 있는 것을 볼 수 있다.

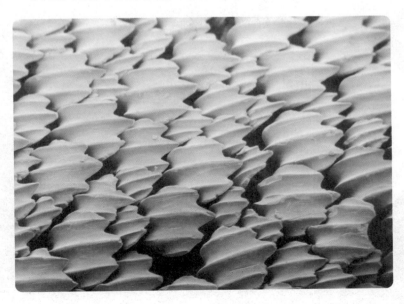

우와! 상어 비늘을 모방해
물의 저항을 최대한 줄인
전신수영복이라니 멋지네요.
오히려 맨몸이 마찰을
더 줄이지 않을까
싶었거든요.

맨몸으로 수영할 때는 물이 피부에 닿을 때
소용돌이가 발생하며 마찰력이 생겨요.
이 전신수영복에 상어 비늘처럼 난 돌기는
소용돌이를 잡아 주는 역할을 해 마찰을 줄인답니다.
이처럼 기술이 발달해 수영복이 수영선수들의 기록에
큰 영향을 미치고 있기 때문에 세계수영연맹은
세계수영선수권대회나 올림픽에서 승인된
수영복만을 착용하도록 하는 등 수영복에
여러 규제를 하고 있답니다.

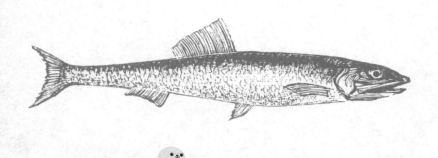

멸치 똥을 본 적이 있나요?

네. 국물 요리할 때 멸치 똥을 꼭 떼어 내야 해요!
멸치 똥이 들어가면 자칫 씁쓸해질 수 있거든요.

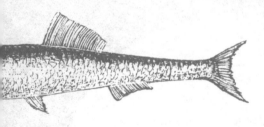

흠…… 그런데,
멸치 똥은 정말 똥일까요?

네? 똥 아니에요? 그럼 뭐죠?

멸치 똥은 똥이 아니다?!

멸치는 우리에게 아주 친숙한 생물입니다. 볶음 요리에서부터 국물 요리까지 다양한 요리를 할 수 있어 많은 사람들이 사랑하는 식재료이죠. 그리고 멸치는 사람뿐만 아니라 갈매기, 상어, 고래, 물개, 오징어, 해파리, 게, 바다거북 등 수많은 바다 생물의 먹이이기도 합니다.

그래서 멸치는 먹이사슬의 중간 단계에 위치하는 생물이라서 여러 생물의 생태에 주된 역할을 합니다. 이 때문에 멸치는 해양생 태계에서 아주 중요한 생물이고, '멸치가 많을수록 건강한 생태계' 라는 표현이 있기도 하죠.

멸치는 아가미로 호흡하고 지느러미로 헤엄치는 척추동물인 어류입니다. 어류는 단단한 뼈를 가지는 경골어류와 부드러운 연골을 가지는 연골어류로 나뉘는데, 멸치는 딱딱한 뼈를 가진 경골어류에 속합니다.

그래서 멸치를 해부해 보면 경골어류의 몸 구조와 특성에 대해 자세히 알 수 있습니다. 이번 장에서 살펴볼 내용은 주변에서 흔히 구할 수 있는 마른 멸치를 이용한 해부 실험이니, 집에 마른 멸치가 있다면 책을 보며 따라해 보세요.

너무 작은 멸치는 관찰이 힘들기 때문에 5센티미터가 넘는 육수용 마른 멸치를 준비하는 것이 좋습니다. 준비한 멸치를 따뜻한 물에 넣어 10분 정도 불려 주면 됩니다.

물에 불린 멸치는 머리와 몸통 부분을 쉽게 분리할 수 있어요. 우리가 먹는 몸통 부분은 멸치가 몸을 움직여 헤엄칠 수 있도록 하는 근육인 골격근입니다. 우리가 생선구이를 먹을 때 주로 먹는 부위는 어류의 근육인 것이죠.[1]

멸치의 근육을 덜어 내면 내부에 뼈(척추)와 우리가 흔히 멸치 똥이라 부르는 부위를 볼 수 있습니다. 과연 멸치 똥은 어떤 부위일까요? 이번 장의 하이라이트인 멸치 똥은 잠시 후 자세히 살펴보기로 하고, 우선 멸치 머리부터 관찰해 보겠습니다.

....

[1] 멸치는 버리는 부분 없이 통째로 먹을 수 있는 생선입니다. 단백질(말린 멸치 100g당 47.4g)과 칼슘(말린 멸치 100g당 1905mg) 등 무기질이 매우 풍부한 식품으로, 골다공증 예방에 탁월한 효과가 있어요. 또 EPA 및 DHA의 함량이 높아 두뇌 발달에 도움이 되고, 타우린이 콜레스테롤 수치를 낮춰 동맥경화, 뇌졸중 및 심장질환과 같은 순환기계통의 성인병 예방에 도움이 된답니다. 우리 몸속에 칼슘이 부족하면 평소보다 예민해지는데 혈액이 잘 흐르지 않아 산성화되기 때문입니다. 멸치는 이 또한 예방해 신경안정에도 탁월한 효과가 있답니다.

① 멸치를 10분간 불리면, 촉촉하게 생기가 돈다. 등 쪽을 살살 눌러 반으로 가르면, 우리가
먹는 멸치의 몸통 부분을 분리해 낼 수 있다. 이 부분은 멸치의 근육(골격근)으로, 우리가
먹는 생선 부위는 주로 어류의 근육이다.

② 멸치의 근육을 제거하고, 남은 기관을 보자. 멸치의 뼈, 흔히 말하는 멸치 똥, 그리고 머리
가 있다.

멸치 머릿속에는 돌이 들어 있다!

멸치의 머리 부분을 해부하면 신기한 것들이 많이 발견됩니다. 먼저 경골어류의 얼굴 쪽에는 아가미를 보호하고 있는 단단한 아가미덮개가 있습니다. 단단한 아가미덮개를 지니는 것은 경골어류의 특성이죠. 멸치의 아가미덮개를 제거해 주면 어류의 호흡기관인 아가미를 발견할 수 있습니다.

멸치는 아가미 네 겹이 머리 좌우에 있는데, 입으로 물이 들어와서 아가미 쪽으로 나갈 때, 물에 녹아 있는 산소를 흡수하는 방식으로 호흡하죠.

다음으로 멸치 머리의 윗부분에는 아주 단단한 부위가 있습니다. 사람이 뇌를 단단한 머리뼈로 보호하듯이 멸치도 머리뼈로 뇌를 단단히 보호하고 있죠. 그리고 멸치의 머리뼈를 조심히 제거하면, 내부에 든 멸치의 뇌를 볼 수 있답니다.

다른 척추동물에 비해 어류는 몸 크기 대비 뇌가 굉장히 작은 편입니다. 그래서 어류는 작은 뇌를 가졌다는 이유로 지능이 낮다는 오해를 많이 받아요. 하지만 요즘은 어류의 학습 능력이나 인지능력 등에 대한 다양한 실험이 이루어지며 어류가 결코 멍청하지 않다는 증거들이 나오고 있습니다. 지금껏 멍청한 행동을 하면 으레 '붕어 같다'고 표현했는데, 그런 말은 틀렸답니다. 물고기도 지능이 있고 학습 능력도 있다는 사실이 밝혀지고 있으니까요.

그리고 뇌 옆에 작은 돌 같은 부위를 두 개 발견할 수 있습니다. 멸치 머리에 들어 있는 이 돌의 정체는 바로 이석(평형석)이죠.[2] 이

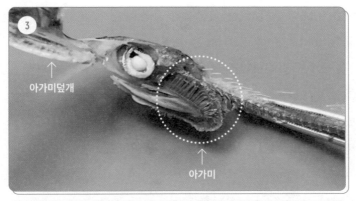

③ 얼굴 표면의 아가미덮개를 뜯으면 아가미가 나온다. 아가미는 어류의 호흡기관으로 물에
   녹아 있는 산소를 흡수하고, 이산화탄소를 배출한다.

④ 멸치의 아가미는 이렇게 네 겹으로 이루어져 있다.

석은 어류의 내이 속에 있는 석회질의 작은 알갱이입니다. 이석은 몸이 균형을 잡을 수 있도록 돕는 물질로, 사람에게도 있고 다른 척추동물에게도 있습니다. 어류는 이 이석을 이용해 몸의 기울기를 감지할 수 있기 때문에, 물속에서 균형을 잡으며 헤엄칠 수 있는 거죠.

이석은 시간이 지날수록 단백질과 칼슘이 추가되며 커지기 때문에, 어류가 성장하며 이석에는 나무의 나이테 같은 성장선이 생기게 됩니다. 이 성장선을 분석하면 어류의 나이를 추측할 수도 있답니다.

다음으로 멸치 머리 부분에서 눈을 조심스럽게 분리해 볼까요? 눈에서 뇌 쪽으로 이어지는 시신경도 볼 수 있습니다. 시신경은 눈으로 들어온 빛 자극을 뇌로 전달해 주는 신경다발이죠. 멸치 머리 부분만 살펴봐도 굉장히 많은 것들을 볼 수 있었습니다. 자, 그럼 이제 몸 내부를 볼까요?

----

2 단단한 뼈를 지니는 모든 경골어류는 귓속에 이석이라는 귓돌을 가지고 있습니다. 몸의 균형을 감지하는 평형기관 구실을 해 '평형석'이라고도 하죠. 어종에 따라 크기와 모양이 다르며 갈치, 갯장어, 가자미의 이석은 편평하게 생겼고, 대구, 명태, 참조기의 이석은 통통하게 생겼답니다.

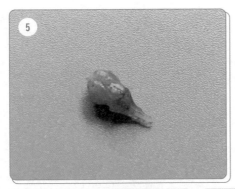

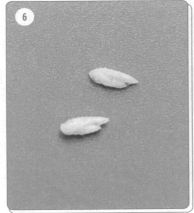

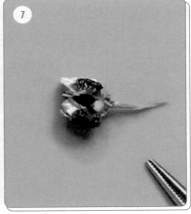

⑤ 이것이 바로 멸치의 뇌. 작지만 완전한 뇌의 모양이다. 멸치 머리 윗부분에 있는 딱딱한 머리뼈를 제거하면, 쉽게 뇌를 꺼낼 수 있다.

⑥ 멸치의 뇌 근처에서 돌을 두 개 찾을 수 있다. 이것은 바로 멸치의 이석. 물고기는 이석을 이용해 물속에서 기울기를 느끼고 균형을 잡으며 헤엄친다.

⑦ 눈을 조심스럽게 분리해 내면, 눈에서 뇌 쪽으로 이어지는 시신경을 볼 수 있다.

멸치 똥의 진짜 정체는?

지금부터 설명하는 부분은 이번 장의 하이라이트예요. 사실 우리가 멸치 똥이라 부르는 부위는 멸치의 내장 기관을 통틀어 말하는 것입니다. 멸치가 건조되며 내장 기관이 한데 뭉쳐진 것을 흔히 멸치 똥이라 표현한 거죠.

멸치 똥을 자세히 보면 한 덩어리가 아니라 여러 기관들이 합쳐진 모습이라는 것을 알 수 있어요. 먼저 아가미 바로 아래쪽에 멸치의 심장이 있습니다. 그리고 심장 바로 옆에는 간이 있고, 부레가 터지지 않았다면 풍선처럼 부풀어 있는 부레도 발견할 수 있죠. 부레는 경골어류의 몸속에 있는 공기주머니로 부력을 조절하는 역할을 합니다. 부레 덕분에 멸치는 물속에서 몸이 뜨고 가라앉는 것을 조절할 수 있어요.

멸치 내부에서는 식도부터 위를 거쳐 장까지 이어지는 멸치의 소화관도 관찰할 수 있습니다. 멸치의 위를 자세히 볼까요? 위는 손가락처럼 생긴 기관으로 감싸여 있습니다. 위를 감싼 이 부위는 유문수라는 어류의 소화기관이에요. 유문수는 어류에서 발견되는 독특한 소화기관으로, 위와 소장의 경계에서 소화효소를 분비하거나 양분을 흡수합니다. 여기에 놀라운 사실이 하나 있어요. 멸치의 소화관을 자세히 살피면, 멸치가 죽기 전 섭취한 먹이도 알아낼 수 있답니다.

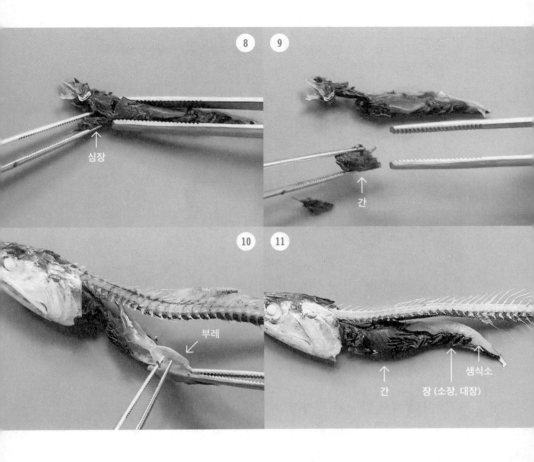

⑧ 멸치 똥이라 불리는 곳에서 심장을 떼어 내는 중이다. 아가미 바로 옆에 아주 조그마한 심장이 있다.

⑨ 심장 바로 옆에 있는 간을 떼어 냈다. 간은 심장에 비해 크다.

⑩ 비닐막 같은 것이 부레. 부레는 풍선처럼 부풀어 부력을 조절하는데 멸치가 물속에서 위아래로 움직일 수 있도록 돕는다.

⑪ 멸치의 심장, 간, 장(소장, 대장), 생식소.

⑫ 멸치의 위는 유문수라는 손바닥같이 생긴 기관으로 감싸여 있다. 유문수는 위와 소장의 경계에 있는 소화기관이다.

⑬ 멸치의 위와 식도. 위를 갈라 멸치가 살아 있는 동안 무엇을 먹었는지 살펴보자.

멸치 위에서 발견된 충격적인 물체!

마지막으로 멸치의 위를 잘라 내용물들을 관찰해 보면, 멸치가 살아 있을 때 먹은 것이 무엇인지 알 수 있습니다. 멸치 위 속 내용물들을 채취해 현미경으로 관찰하니 굉장히 다양한 것들이 발견됐어요. 멸치의 주된 먹이는 플랑크톤이기 때문에 식물성플랑크톤부터 작은 갑각류의 유생 등 여러 생물이 들어 있었습니다. 무지갯빛이 나는 물질들도 발견됐는데, 이것은 놀랍게도 바다에 유출된 미세플라스틱이었죠.[3]

미세플라스틱은 플라스틱 제품이 분해되는 과정에서 생기는 미세한 플라스틱 조각입니다. 미세플라스틱은 크기가 너무 작아서 하수처리시설에서 걸러지지 않고 바다로 흘러들어 바다를 오염시킵니다. 그런데 동물성플랑크톤이나 작은 어류는 먹이를 먹는 과정에서 미세플라스틱들을 함께 섭취하게 됩니다. 문제는 이 미세플라스틱이 먹이사슬을 따라 다른 생물들의 몸으로 전달된다는 점이죠.

우리도 미세플라스틱을 섭취한 멸치를 섭취하죠? 이처럼 미세플라스틱은 먹이사슬을 따라 이동해 멸치와 해양생물을 섭취하는 사람의 몸으로도 전해져 우리 신체에 쌓입니다. 사람이 만들어 내고 버린 플라스틱이 우리 몸으로 돌아와 비밀스럽게 쌓이고 있다니 무섭지 않나요? 벨기에 겐트대학교(2017)에서는 "사람들이 해양생물 섭취 과정에서 미세플라스틱을 연평균 1만 1000점 섭취하고 있다"라는 연구 결과를 발표하기도 했죠. 바닷속 미세플라스틱

3　미국 데이비스 캘리포니아대학교(UC데이비스)와 미국 국립해양대기관리국 (NOAA) 공동 연구진이 2017년 국제 학술지 〈영국 왕립학회보 B〉에 "해양생물이 미세플라스틱에서 일반 생물과 비슷한 냄새가 나기 때문에 플라스틱을 먹이로 잘못 알고 먹는다"라고 발표했습니다. 지금까지 과학자들은 플라스틱 조각 크기가 새우같이 작은 해양생물과 비슷하기 때문에 먹이로 착각한다고 설명해 왔는데, 이 학설이 뒤집힌 것이죠.
바다로 흘러든 플라스틱은 광합성을 하는 각종 조류와 세균에 덮이게 되고, 플라스틱을 둘러싼 각종 조류와 세균은 유황 냄새가 나는 화학물질이 포함된 배설물을 방출하게 됩니다. 멸치를 비롯한 다수 해양생물은 시각보다 냄새에 의존해 먹이를 찾기 때문에, 이 냄새를 먹이로 착각해 먹는 것이라고 하네요.

은 계속 증가하는 추세라고 합니다. 우리가 자주 먹는 멸치에서도 이렇게 미세플라스틱이 있다는 것을 직접 확인하니, 플라스틱 사용을 줄이기 위해 더욱더 애써야겠다는 생각이 드네요.

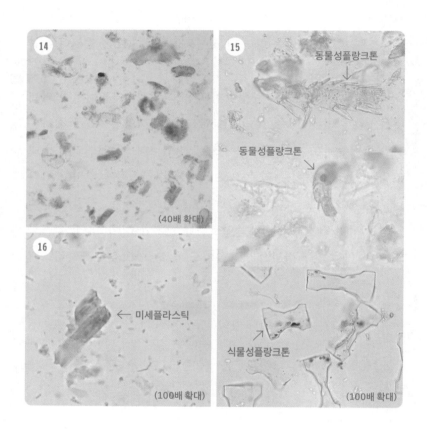

⑭ 멸치의 위를 갈라 내용물을 물에 풀고, 현미경으로 관찰한 모습.

⑮ 동물성플랑크톤과 식물성플랑크톤을 확인할 수 있다.

⑯ 무지갯빛을 띠는 것이 미세플라스틱이다. 먹이사슬을 따라 다음 생물의 몸으로 전달된다.

멸치 해부, 어땠나요?
집에서도 쉽게
할 수 있답니다.

흔히 볼 수 있는 마른 멸치에서
어류의 심장, 간, 뇌, 머리뼈,
이석, 부레, 유문수까지
살필 수 있다니
신기했어요.

그래요. 관심을 갖고 보면
보이지 않던 부분도
잘 볼 수 있게
된답니다.

그치만 선생님, 이제
멸치 못 먹을 것 같아요.
먹을 때마다 멸치 뇌, 심장이
떠오를 것 같아요.

선생님, 넙치는 눈도 삐뚤 입도 삐뚤!
요리 보고 조리 보아도 참 이상하게 생겼어요.

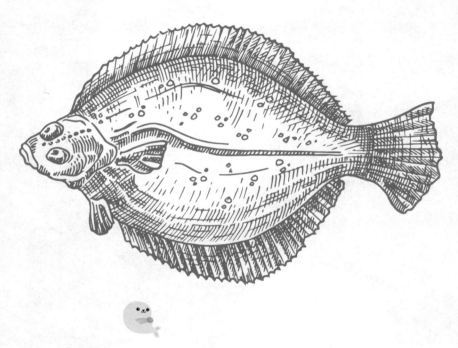

하하. 그런가요? 넙치의 비밀을 알게
되면, 넙치가 왜 그렇게 생겼는지
이해하게 될 거예요.

오, 넙치에게는 어떤 비밀이 있나요?

03 | 넙치

눈이 몰려 슬픈 물고기,
넙치의 비밀

넙치는 가자미목 넙칫과에 속하는 아주 납작하게 생긴 어류입니다. 사실 일상생활에서는 넙치보다 광어라는 이름이 더 친근하죠? 넙치와 광어는 같은 물고기를 지칭하고, 모두 국어사전에 등재되어 있기 때문에 두 이름 다 사용해도 됩니다. 하지만 생물학에서는 일반적으로 '넙치'라는 용어를 쓰기 때문에 여기서는 넙치라 부르겠습니다.

넙치를 자세히 볼까요? 좌우대칭의 몸을 지닌 다른 어류와 달리 넙치는 눈이 한쪽으로 몰린 비대칭 형태를 띠고 있습니다. 입도 조금 삐뚤어 보이고, 지느러미도 일반 어류의 지느러미 배열과 상당히 달라 보입니다. 꼬리지느러미를 좌우로 움직이는 다른 어류와 달리, 넙치는 꼬리지느러미를 위아래로 움직이며 헤엄치죠. 넙치의 몸은 다른 어류와 어떤 점이 달라 모습에 차이가 나는 걸까요?

① 눈도 왼쪽으로 몰려 있고 입도 삐뚤어 보인다. 지느러미가 양옆에 위치해 있는 일반 어류 (배스)와 비교해 보면 지느러미 구조도 굉장히 특이해 보인다.

② 일반 어류(배스)의 지느러미는 위아래 양옆으로 위치해 있다. 꼬리지느러미를 좌우로 움 직이는 배스와 달리, 넙치는 위아래로 움직이며 헤엄친다.

옆으로 누워 사는 물고기, 넙치

의외의 사실을 소개하면, 넙치는 다른 어류와 똑같은 몸 구조를 가지고 있습니다. 넙치의 특이한 점은 몸 구조가 아니라 옆으로 누워서 살아간다는 점이죠.

넙치를 들어 올려 수직으로 세워 보면, 넙치의 몸은 다른 물고기와 똑같은 구조라는 것을 알 수 있습니다. 수직으로 세운 넙치의 지느러미는 다른 어류의 지느러미와 같은 배열을 하고 있고, 꼬리지느러미도 다른 물고기처럼 좌우로 흔들고 있고요. 다만 옆으로 누워 있는 모습이라 지느러미 배열이 특이한 것처럼 보이고, 꼬리지느러미가 위아래로 움직이는 것처럼 보였던 거죠.

③ 좌우대칭의 어류와는 달리 굉장히 특이한 넙치의 몸. 다른 어류와 어떤 점이 달라 모습에 차이가 나는 걸까?

④ 넙치를 일으켜 세워 보면, 다른 물고기들과 몸 구조가 비슷한 것을 알 수 있다. 다만 옆으로 누워 살아간다는 것이 특이한 점이다.

그리고 어류는 몸 옆에 물의 흐름을 감지하는 측선이라는 감각 기관이 있는데, 넙치의 측선은 몸의 넓은 면 양측에 있습니다. 그러니 우리가 보는 넙치의 위와 아랫면은 다른 어류의 옆면에 해당하는 부위라는 것을 알 수 있습니다. 넙치는 다른 어류와 같은 형태의 몸을 지녔지만 단지 옆으로 누워 살아가는 셈입니다.

그렇다면 넙치의 항문은 어디 있을까요? 넙치의 항문은 아가미 밑부분의 옆구리처럼 보이는 곳에 위치해 있습니다. 사실 옆구리에 위치하는 것처럼 보이지만, 다른 어류와 동일하게 뒷지느러미 앞부분에 있는 것이죠.

⑤ 넙치의 측선 또한 다른 어류와 마찬가지로 몸의 넓은 면 양측에 위치하는 것을 볼 수 있다. 넙치의 눈은 한쪽 면에 몰려 있어 눈이 있는 쪽(유안측)과 눈이 없는 쪽(무안측)으로 구분한다. 유안측의 몸 색깔은 진하고, 무안측의 몸 색깔은 연하다.

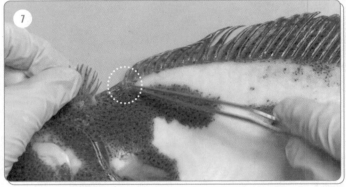

⑥ 넙치의 항문도 다른 어류와 마찬가지로 뒷지느러미 앞쪽에 있다. (평상시 넙치의 모습을 생
  각해 본다면 마치 옆구리로 배설하는 듯한 모습이 연상될 수도 있다.)

⑦ 넙치의 항문을 자세히 보자.

넙치의 눈이 몰려 있는 이유

그런데 넙치를 세로로 세웠을 때 다른 물고기와 다른 점이 하나 있습니다. 바로 눈이 한쪽 면에 몰려 있다는 점입니다. 놀랍게도 반대쪽 면에는 눈이 없습니다.

그래서 일반적으로 넙치는 등과 배로 구분하기보다 눈이 있는 쪽과 눈이 없는 쪽으로 구분합니다. 넙치의 몸에서 눈이 있는 쪽을 유안측(有眼側), 눈이 없는 쪽을 무안측(無眼側)이라고 부르죠.

그런데 더욱 신기한 사실은, 넙치는 유생 시기에는 눈이 다른 물고기처럼 양쪽에 위치한다는 것입니다.[1] 넙치는 성체로 변하는 과정에서 한쪽 눈이 점점 위로 올라와서 반대쪽까지 넘어와 버립니다. 눈만 변하는 것이 아니라 두개골 자체가 돌아가는 변화를 거치며 성장하죠. 넙치의 유생은 성체와 달리 바닥(해저 면) 생활을 하지 않는데, 성체로 변하며 바닥에 누워서 살아가는 생활에 맞게 몸이 변화한 것입니다. 이 과정에서 넙치는 몸의 색소도 변해 유안측과 무안측으로 몸 색깔이 변합니다. 일반적으로 넙치의 유안측은

----

1 넙치는 수정란 시기나 부화 후 20일까지는 일반적인 물고기와 다름없는 모습을 하고 있답니다. 그러나 부화한 지 20~25일이 지나면 몸의 형태가 바뀌는 '변태 과정'을 거치는데, 이때 몸은 점점 납작해지고 오른쪽 눈이 서서히 왼쪽으로 이동해 부화 후 30~40일에는 눈이 완전히 돌아가게 됩니다.

이는 모래 바닥에 자신의 몸을 완전히 숨기고 양쪽 눈은 모래 밖으로 노출시켜 먹잇감을 쉽게 구할 수 있도록, 또 포식자로부터는 들키지 않게끔 생존에 유리한 방향으로 변화한 것으로 추정됩니다.

⑧ 유생 넙치의 눈은 양쪽에 위치해 있다. 성체로 변하는 과정에서 눈이 점점 위로 올라와 왼편인 반대쪽까지 넘어온 것이다. 바닥 생활을 하며 몸이 변화했기 때문이다.

진한 색, 무안측은 연한 색을 띠고 있죠.

유안측이 진한 색을 띠는 것은 넙치가 자신보다 위에 있는 포식자나 먹잇감의 눈을 속이기 위해서입니다. 몸 색상을 해저 면의 색깔과 비슷하게 한 위장색(보호색)인 것이죠. 넙치는 육식 어종이라서 어두운 유안측을 이용해 바닥에서 먹잇감의 눈을 속이고 숨어 있다가 먹이가 다가오면 빠르게 움직여 사냥하는 습성이 있습니다. 그래서 넙치의 입을 보면 꽤 날카로운 이빨을 볼 수 있죠.

그런데 신기하게도 자연산 넙치들은 무안측이 얼룩 없이 흰 반면, 양식 넙치들은 대부분 무안측에 얼룩덜룩한 흑화현상이 나타나 있습니다. 제가 소개하는 이 넙치도 양식 넙치죠.

⑨ 육식 어종 넙치의 이빨은 꽤 날카롭다.

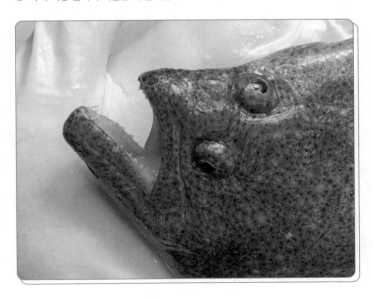

넙치의 흑화현상은 여러 원인에 의해 일어난다고 추측되는데, 넙치가 양식될 때 양식장 바닥의 빛 반사로 멜라닌색소가 침착되어 나타나기도 하고, 영양과다나 스트레스에 의해 나타난다고도 합니다.

넙치는 내부 장기들도 납작할까?

그럼 이제 넙치의 내부를 살펴볼까요? 넙치는 경골어류에 속하는 어류로 단단한 아가미덮개가 있습니다. 아가미덮개를 잘라 보면 내부에 아가미 네 쌍이 있죠. 경골어류는 대개 아가미 네 쌍을 지닙니다.

넙치의 내장 기관들은 모두 아가미와 항문 사이의 공간에 위치합니다. 넙치의 배 내부를 갈라서 열면, 가장 먼저 보이는 것이 넙치의 간입니다. 어류에게 간은 소화와 해독, 영양물질 저장 등 다양한 역할을 하는 중요한 기관이죠. 그래서 어류 대부분은 간이 내장 기관에서 큰 비중을 차지합니다.

간을 제거하고 넙치의 소화관을 펴 보면 식도부터 위를 거쳐서 항문까지 이어지는 넙치의 소화관을 볼 수 있습니다. 소화관 중간의 손가락 같은 형태의 부위는 어류의 독특한 소화기관인 유문수입니다. 위와 장 사이에 위치해 소화와 흡수를 돕는 역할을 하죠. 그런데 넙치의 내부에는 부력을 제공하는 기관인 부레를 발견할 수 없습니다. 바닥 생활에 맞게 성체가 되며 부레가 퇴화하기 때문이죠.

넙치의 머리 쪽에는 뇌와 이석도 볼 수 있는데, 두개골이 단단해서 깔끔하게 해부하기가 어려웠습니다. 어류의 뇌와 이석을 자세히 살펴보고 싶다면, 앞서 다룬 멸치(34~37쪽)를 참고해 주세요.

⑩ 넙치의 아가미덮개를 잘라 내부를 보면 네 겹인 아가미가 있다.

⑪ 넙치의 내장 기관은 모두 배 쪽에 위치한다. 항문 위쪽에서부터 둥글게 자르면 이렇게 내장 기관을 볼 수 있다. 가장 먼저 보이는 것이 넙치의 간이다.

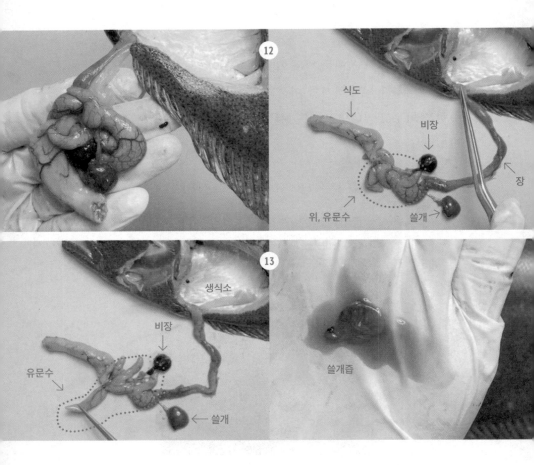

식도
비장
장
위, 유문수
쓸개

⑫

⑬

생식소
비장
유문수
쓸개

쓸개즙

⑫ 간을 덜어 내면, 넙치의 소화기관을 볼 수 있다. 일렬로 쭉 펼쳐 보면 식도, 위, 유문수, 장,
   항문까지 이어지는 것을 확인할 수 있다.

⑬ 유문수라는 독특한 소화기관. 위와 장 사이에 위치해 소화와 흡수를 돕는다. 동그란 것이
   비장, 초록빛을 띠는 것이 쓸개, 항문 옆에 생식소를 확인할 수 있다. 쓸개를 자르면 쓸개
   즙이 나온다.

⑭ 넙치의 생식소. 이것은 정소로 이 넙치는 수컷이다.

⑮ 넙치의 심장은 아가미 바로 아래에 있다. 절개해 보면, 이렇게 하트 모양의 심장을 꺼낼 수
있다.

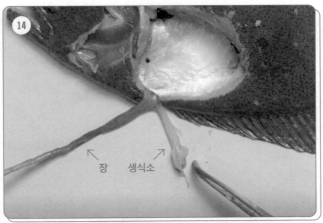

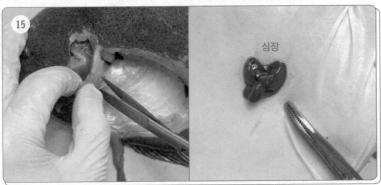

넙치에게는 그런 비밀이 있었군요!
성체가 되며 눈도 돌아가고 두개골도
돌아가고. 그래서 일반적인
물고기와는 다른 모습이
된 거군요.

네, 같은 몸 구조이지만 누워 있다는 이유로
지느러미와 항문의 위치도 이상하다고 오해받죠.
넙치(광어)의 눈은 왼쪽으로 몰렸지만, 넙치와 비슷한
도다리의 눈은 대체로 오른쪽으로 몰려 있답니다.
그래서 흔히 '좌광우도의 법칙'이라고 외우는
사람도 많아요. 하지만 언제나 예외가 있는 법!
맹신하지는 마세요. 우리나라에서 흔히
볼 수 있는 강도다리는 눈이
왼쪽으로 몰려 있거든요.

2

촉수 같은 발로 느리게 움직이는 이상한 동물

선생님, 불가사리는 어떻게 살아요?
입도 없는 것 같은데요…….

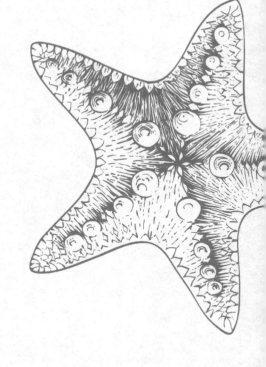

무슨 말씀을! 입이 있답니다.

불가사리에게 입이 있다고요?

그럼요. 불가사리는 조개부터 해조류, 산호 등
다양한 해양생물을 먹어 치우는 대식가인걸요!
불가사리가 먹이를 먹는 모습 보러 갈까요?

불가사리는 어떻게
커다란 생물을 먹을까?

불가사리는 성게, 해삼과 함께 극피동물로 분류되는 생물입니다. 극피동물은 가시가 난 피부를 지닌 동물이라는 뜻입니다.[1] 그래서 극피동물 대부분은 골판 위에 여러 가지

---

1 극피라는 한자어를 풀어 보면 '가시나무 극(棘)' '가죽 피(皮)'로 구성되어 있어요. 유생 때는 몸이 좌우대칭이지만 성체로 자라면서 방사대칭을 띠게 되죠.
한 가지 재미있는 점을 소개할까요? 불가사리가 속한 극피동물은 인간이 속한 척삭동물문 생물과는 전혀 공통점이 없어 보여요. 하지만 놀랍게도 극피동물은 발생과정에서 원구(原口)가 항문이 되고 입이 따로 만들어지는 후구(後口)동물의 한 계통으로, 척삭동물과 같은 형태의 발생과정을 거칩니다. 그래서 극피동물은 척삭동물과 함께 후구동물로 여겨지며 분류학적으로 가까운 관계로 간주되죠.
생김새나 행동 양식만 놓고 보면 불가사리보다 오징어나 문어 등의 연체동물이 인간과 더 가까워 보이지만, 연체동물과 절지동물, 편형동물 등은 원구가 그대로 입이 되는 선구(先口)동물로 인간과는 분류학적으로 거리가 멉니다.
실제로 극피동물은 DNA상으로도 척삭동물과 가까운 유연관계에 있습니다. 즉, 인간은 유전적으로 오징어, 문어보다 불가사리와 더 가까운 생물이란 말이죠!

모양의 가시가 있는 종이 많죠. 하지만 사실 극피동물 중 일부는 가시가 없는 종도 있기 때문에 가시가 난 피부만이 극피동물 여부를 가르는 기준은 아닙니다. 극피동물은 바다에 살며 대부분 움직임이 없거나 아주 천천히 움직이고, 몸 구조는 방사대칭인 것이 특징이죠.

몸의 중심을 기준으로 대칭인 면이 세 개 이상인 형태를 방사대칭이라고 하는데, 우리나라에서 볼 수 있는 극피동물은 대부분 대칭면이 다섯 방향으로 펼쳐진 5방사대칭형 구조를 지닙니다. 앞으로 소개할 극피동물인 성게, 해삼(79쪽, 91쪽)을 볼 때 이 5방사대칭형 구조를 머릿속에 그려 비교하면 더 재미있을 거예요.

불가사리가 움직이는 법

자, 그럼 이런 질문을 던져 보죠. 불가사리는 어떻게 몸을 움직일까요? 별불가사리를 통해 불가사리가 어떻게 움직이는지 살펴보겠습니다. 별불가사리는 우리나라 해변에서도 자주 볼 수 있는 종인데, 푸른빛을 띠고 귀엽게 생겨서 관상용으로 키우기도 한답니다.

불가사리는 움직이지 않는 생물이라 생각하는 사람들이 많은데, 불가사리는 움직일 수 있어요. 불가사리를 뒤집어 보면 움직이는 방법을 이해할 수 있죠. 불가사리 밑면에 촉수 같은 부위가 보입니다. 이는 관족이라 불리는 가는 관 형태의 부위인데, 불가사리

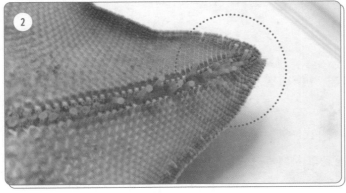

① 별불가사리. 우리나라에서 가장 흔하게 볼 수 있으며, 등에는 남빛과 등적색이 뒤섞인 무늬가 있다. 불가사리를 일컬을 때 가장 먼저 떠올리는 종 중 하나다.

② 별불가사리의 관족. 다섯 팔을 따라 방사형으로 뻗어 있다. 이 관족의 끝을 다른 물체에 부착할 수도 있고 관족을 움직여 이동할 수도 있다.

는 관족을 발처럼 이용해 몸을 움직입니다. 관족은 불가사리의 다섯 팔을 따라 방사형으로 퍼져 있죠. 관족이 나오는 띠 모양의 부위는 보대라고 합니다.

불가사리는 관족의 끝을 다른 물체에 부착할 수 있기 때문에 몸 밑면에 펼쳐져 있는 관족을 확장해 바닥에 부착한 다음 수축하고, 또 다시 관족을 확장해 부착, 수축하는 것을 반복하며 움직입니다. 그래서 불가사리는 관족을 이용해 자유롭게 움직일 수 있어요. 하지만 움직이는 속도는 무척 느린 편입니다.[2]

몸속의 위를 꺼낼 수 있는 불가사리

이렇게 느린 속도 때문에 불가사리는 해조류, 산호, 조개류(이매패류), 생물의 사체 등 느리게 움직이거나 움직이지 않는 것들을 먹으며 살아갑니다. 그렇다면 불가사리의 입은 어디에 있을까요? 불

....

[2] 관족은 극피동물의 이동과 섭식, 기체교환 역할을 하는 기관입니다. 불가사리는 몸이 뒤집히면 팔 끝의 한두 개 관족으로 바닥을 잡고 옆으로 굴러서 몸을 바로잡아요.

불가사리는 관족을 물결치듯 움직이며, 차례로 바닥에 붙였다가 떨어뜨리는 방식으로 이동합니다. 불가사리 대부분은 빨리 움직일 수 없으나 모래 바닥을 파고 들어가 사는 일부 종(펙텐속, 루이디아속)은 바닥을 기는 속도가 마치 미끄럼 타듯 빠릅니다. 이 종의 속도가 빠른 것은 모래를 파기 좋도록 관족이 뾰족하게 진화했기 때문이라고 하네요.

③ 별불가사리의 입은 이곳에 있다. 이 작은 입으로 어떻게 큰 생물을 먹을까?

← 입

가사리의 입은 밑면 중간에 있는데, 입이 굉장히 작습니다. 그렇다면 어떻게 그 작은 입으로 조개같이 큰 생물을 잡아먹을까요?

불가사리는 놀랍게도 몸속의 위를 뒤집어 밖으로 꺼낼 수 있습니다. 그래서 팔과 관족을 이용해 먹잇감을 단단히 잡은 다음, 위를 뒤집어 밖으로 꺼내어 소화액을 분비합니다. 먹이를 몸 외부에서 소화시킨 후 액체 상태로 만들어 먹는 것이죠. 예를 들어 조개를 사냥하면, 팔과 관족으로 조개껍데기를 살짝 벌린 다음 그 틈으로 위를 집어넣어 소화시킨 다음 액체가 된 조개를 섭취하는 거죠.

이런 방법으로 불가사리는 입 크기와 상관없이 많은 생물들을 잡아먹을 수 있는 거랍니다. 그래서 불가사리는 바닷속의 사체와 유기물 들을 처리하는 청소부 역할을 하기도 하죠. 하지만 과유불급(過猶不及)이라는 말이 있죠? 지나침은 모자람과 같다는 뜻입니다. 불가사리는 번식력이 강하고 대식가여서, 과하게 번식을 하는 경우 생태계가 황폐화돼 버립니다. 그래서 불가사리는 양식장을 운영하는 어민들에게 큰 피해를 주기도 하는 유해 동물입니다.

강한 재생능력, 불가사리라는 이름의 유래

어민들은 불가사리를 제거하려 노력하는데, 불가사리를 자르거나 손상을 입혀 제거하는 것이 아니라 물 밖에 꺼내어 '말려' 죽입니다. 불가사리를 말리는 이유는 불가사리가 엄청난 재생능력을 가지고 있기 때문입니다. 불가사리는 팔이 하나만 남아도 중심부가 조금 남아 있다면 나머지 몸이 재생될 정도로 재생능력이 좋습니다. 불가사리라는 이름도 강한 재생능력에서 유래된 것으로, 불가사리는 '죽일 수 없다'는 의미의 불가살이(不可殺伊)에서 유래된 것이죠. 하지만 정말 죽일 수 없는 것은 아니고 말리거나 태워 버리는 방법으로는 불가사리를 제거할 수 있습니다. 최근에는 불가사리 사체를 비료나 제설제로 만들어 친환경적으로 활용하는 방법들이 개발되고 있죠.

하지만 여전히 불가사리는 어민들에게 피해를 주고 있기 때문에 우리나라 해양수산부에서는 별불가사리와 아무르불가사리를 '유해 해양생물'로 지정하고 있습니다. 그중에서도 우리나라 바다에 가장 피해를 주는 불가사리는 아무르불가사리입니다. 아무르불가사리는 해양생물을 무차별적으로 잡아먹어 UN과 국제해양기구가 발표한 유해 생물 10종에도 포함될 정도로 악명이 높아요.

그럼 불가사리 내부는 아무르불가사리를 통해 살펴보겠습니다. 아무르불가사리 외부를 보면 극피동물의 특징 중 하나인 피부에 난 가시들을 확인할 수 있습니다. 불가사리는 갑각류처럼 몸 밖에 단단한 외골격을 지닌 생물처럼 보이지만, 가시가 난 골판에 얇은 피부가 덮여 있기 때문에 내골을 지닌 생물입니다.

불가사리가 먹이를 섭취하고 배설물을 배출하는 부위는 어디일까요? 불가사리의 입은 밑면 중심부에 있는데, 항문은 윗면 중간에 있습니다. 불가사리는 밑으로 음식을 섭취하고 위로 배설물을 배출하는 구조로 되어 있죠.

불가사리의 항문 옆에는 구멍이 하나 더 있는데, 이는 천공판이라는 구멍으로 불가사리는 이 천공판을 통해 몸 내외부로 바닷물이 드나들게 합니다.[3]

---

3 중심부인 항문에서 살짝 벗어난 위치에 주변보다 밝거나 하얀 작은 점 하나가 뚜렷하게 보이는데 이것이 바로 천공판입니다. 쉬운 말로 하면 '물 구멍'이죠. 한자를 보면, '뚫을 천(穿)' '구멍 공(孔)' '널빤지 판(板)'으로 구멍이 뚫린 판이라는 뜻이에요.
몸체 내부로 신선한 물을 공급하며, 석회질의 다공체 구조로 되어 있어 불순물을 거르는 역할도 하죠. 가는 구멍이 있어 이것으로 물을 집어넣기도 하고 내뿜기도 한답니다.

관족이 나오는
부분(보대)

천공판

항문

④ 아무르불가사리의 밑면. 중심 부분에 입이 있고, 입을 중심으로 관족이 나오는 부위(보대)
가 퍼져 있다.

⑤ 항문은 잘 보이지 않지만 윗부분 중간에 있으며, 항문 옆에는 동그란 천공판이 있다. 이
천공판으로 들어온 바닷물을 혈액처럼 이용한다.

⑥ 불가사리 내부의 중심부에는 위가 있고, 팔 쪽으로 소화샘이 이어진다. 불가사리는 위를 뒤집어 몸 밖으로 꺼낼 수 있다.

⑦ 불가사리의 골판을 잘라 벗긴 내부 모습. 다섯 팔 내부는 모두 동일한 구조로 이루어졌다.

⑧ 불가사리의 내부 기관(소화기관, 생식소)을 제거한 모습. 중심 부분에 환상수관이 있고, 방사수관이 다섯 팔로 뻗어 나간다. 천공판을 통해 불가사리 몸으로 들어온 물은 환상수관을 거쳐 방사수관으로 이동한다.

⑨ 방사수관 주변에 병낭이 있다. 병낭은 방사수관에서 들어온 물을 조절해 관족을 움직인다.

물을 혈액처럼 이용하는 불가사리

불가사리가 속한 극피동물은 심장, 동맥, 정맥, 모세혈관과 림프
관 등 피를 순환시키고 영양을 공급하며 노폐물을 수용하는 조직
인 순환계가 잘 발달하지 않았습니다. 대신 천공판으로 들어온 물
을 혈액처럼 이용하는 수관계라는 독특한 기관을 가집니다. 그래
서 불가사리 내부를 보면 다섯 팔로 뻗어 나가는 수관들을 볼 수
있는데, 불가사리는 천공판으로 들어온 물이 환상수관(環狀水管)
이라는 둥근 관으로 들어온 후 각각의 팔이 있는 '방사수관'으로
뻗어 나가게 되는 구조로 되어 있죠.

방사수관 주변을 보면 부드러운 조직인 병낭이 있고 병낭은 관
족과 이어져 있습니다. 정리해 보면, 천공판으로 들어온 물이 환상
수관, 방사수관을 통해 병낭까지 이어져서 관족을 움직이는 구조
인 거죠. 즉 관족 내부는 수관계의 물로 이루어져 있다고 볼 수 있
어요.

수관계는 극피동물에서만 볼 수 있는 독특한 구조로, 성게와 해
삼 등 다른 극피동물도 이 수관계를 이용해 이동과 섭식, 그리고
산소를 빨아들이고 이산화탄소를 내보내는 기체교환을 합니다. 앞
으로 다룰 성게와 해삼도 수관계를 지니니 불가사리와 비교하며
봐 주세요.

불가사리의 내부 기관들을 더 살펴볼까요? 중심부에 위와 소화
기관들이 있고 불가사리의 팔에 두 갈래로 나뉜 부위는 소화효소
가 분비되는 소화샘이죠.[4] 소화샘 밑에 있는 것은 불가사리의 생

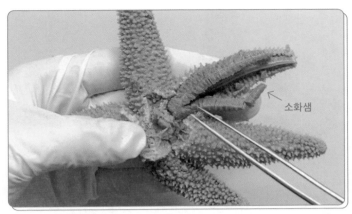

소화샘

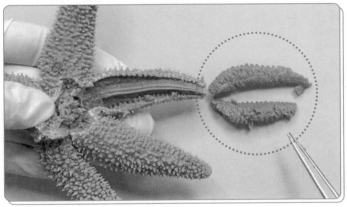

⑩ 소화샘은 두 갈래로 나뉘며, 소화효소가 분비된다.

생식소

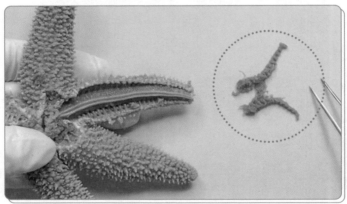

⑪ 소화샘을 덜어 내면 그 아래에 있는 것이 불가사리의 생식소다. 역시 두 갈래로 나뉜다.

식소입니다. 팔마다 생식소 한 쌍이 있는데, 이곳에서 생성된 생식세포(정자 혹은 난자)가 팔 사이의 겨드랑이 부분에서 방출됩니다.

불가사리의 번식에서 재미있는 점은 불가사리 종 대부분이 '집단 결혼식'을 올린다는 사실입니다. 드넓은 바다에서 서로의 생식세포가 만나는 건 어렵기 때문에, 많은 불가사리가 같은 시간에 같은 장소에 모여 동시에 생식세포를 방출한답니다. 서로의 생식세포가 만날 확률을 높이는 것이죠. 이를 집단 결혼식이라고 합니다. 그리고 불가사리는 유성생식과 무성생식을 둘 다 합니다. 생식세포를 통한 유성생식뿐만 아니라 뛰어난 재생능력을 이용해 절단된 몸의 일부가 새로운 한 개체가 되는 무성생식을 하기도 하죠.[5]

....

4 불가사리는 조개껍데기, 즉 패각이 두 개라는 뜻에서 이름 붙은 이매패류(二枚貝類)의 양쪽 패각에 관족을 부착해 장시간 힘을 써서 패류를 지치게 만들어 패각을 벌립니다. 패각이 0.1밀리미터만 벌어져도 그 틈으로 위장을 넣어 살을 녹일 수 있죠. 10분이면 어떤 이매패류라도 틈을 벌릴 수 있고, 그 영양분을 다 빨아먹는 데 약 이틀이 걸린다고 하네요.
    소화된 물질은 다시 각 팔에 있는 소화기관으로 보내고, 창자에서 마지막 소화를 끝내고 남은 찌꺼기는 몸체 윗면 항문을 통해 밖으로 내보냅니다. 배설물은 액체 상태로 배출된답니다.

5 불가사리의 무성생식에 대해 좀 더 자세히 살펴봅시다. 몸을 스스로 절단시켜 증식하는 형태로 중심 부분에서 몸을 반으로 쪼개는 형식이 있고, 팔을 한 개 이상으로 끊어 내어 증식하는 형식이 있답니다. 이는 불가사리의 속에 따라 다른 형식을 취합니다. 팔을 끊어 내는 방식에서 어떤 종은 팔의 극히 작은 부분(약 1센티미터)만 분리시켜도 성체로 부활할 수 있죠. 이 방식은 끊어질 자리에 금이 가며 약해졌다가 분리되는 형태로 분할하게 되는 것입니다.

선생님, 불가사리는 집단 결혼식을
올리는군요! 정말 놀랍네요.
함께 모이는 장소와 시간은
어떻게 정하나요?

불가사리는 머리와 뇌가 없어요. 우리처럼
대화를 나눠 약속을 정할 수도 없죠. 불가사리는
화학적 신호를 통해 서로 생식이 준비되었음을
알리고 결혼식을 올릴 장소와 시기를
정한다고 해요. 결혼식이 이루어지는
시간은 주로 저녁이나 새벽인 경우가
많다고 하네요.

여러분, 성게 안에는
등불이 있답니다.

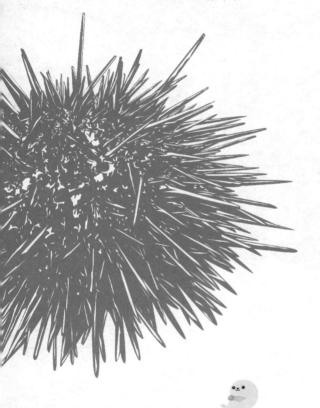

등불이요?

하하. 진짜 등불은 아니고, 등불처럼 생긴
아주 특이한 부위랍니다. 성게 내부
어디에 등불이 있는지 한번 살펴볼까요?

05 | 성게

성게 안에 있는
'아리스토텔레스의 등불'

성게를 살펴보기 위해 우리나라 해안에서 쉽게 볼 수 있는 보라성게를 준비했습니다. 성게는 밤송이처럼 날카로운 가시들에 둘러싸인 생물로, 한눈에 봐도 굉장히 특이하게 생겼죠. 이 특이한 모습만큼이나 성게에는 비밀이 많습니다. 성게는 앞서 다룬 불가사리와 비교해 보면 더욱 재미있을 거예요. 성게와 불가사리는 같은 극피동물문에 속하는 생물이므로 비슷한 점이 꽤 많답니다.

불가사리와 성게의 몸은 얼마나 비슷할까?

성게는 불가사리와 모습이 아주 다른 생물처럼 보입니다. 하지만 성게와 불가사리는 아주 유사한 몸 구조를 지니죠. 놀랍게도 성

관족

① 성게는 가시를 지닌 극피동물로, 가시가 유난히 잘 발달한 생물이다. 우리나라 해안에서
   쉽게 볼 수 있는 보라성게를 관찰해 보자.

② 성게는 가시 아래에 근육이 있어서 가시도 움직일 수 있다. 이 가시와 관족을 함께 이용해
   꽤 빠르게 이동할 수 있다.

게의 몸은 불가사리가 몸을 위쪽으로 둥글게 만 형태와 비슷하답
니다. 먼저 불가사리는 밑면에 다섯 선(보대)을 따라 촉수 같은 관
족이 나와 움직입니다. 마찬가지로 성게의 몸에서도 불가사리처럼
다섯 선을 따라서 관족이 나오죠. 대부분 성게는 가시만 있다고 생
각하지만, 물속의 성게를 관찰해 보면 기다란 관족이 나와 활발히
움직이는 모습을 볼 수 있습니다.

　꽤 많은 사람들이 성게를 움직이지 않는 생물이라 생각하지만,
불가사리처럼 느리지만 꾸준히 움직입니다. 성게는 가시 아래에
근육이 있어서 가시도 활발하게 움직일 수 있습니다. 그래서 성게
는 관족과 가시를 이용해 열심히 기어 다니며 먹잇감을 직접 찾아
다닙니다.

성게의 움직이는 이빨

성게의 항문과 입은 불가사리처럼 위아래에 위치합니다. 성게 밑부분의 입에는 이빨 다섯 개가 있는데, 성게는 이 이빨로 해조류를 갈아 먹으며 살아갑니다. 성게는 바닷속에서 해조류 근처에서 주로 발견되는데, 이는 성게가 해조류를 섭취하고 있는 모습인 거죠. 물이 드나드는 조간대에 방문한다면 해조류 근처를 잘 살펴보세요. 성게를 발견할 수도 있어요.

성게의 윗부분에는 항문이 위치하는데, 성게는 항문 주변에 다른 구멍이 많습니다. 정자나 난자가 배출되는 구멍인 생식공 다섯 개가 있고, 바닷물이 들어오는 구멍인 천공판도 있습니다. 이 천공판을 통해 들어온 물은 성게 내부의 수관(환상수관, 방사수관)을 거쳐 관족까지 이어집니다. 그래서 성게의 관족 내부는 불가사리처럼 바닷물로 이루어져 있죠. (불가사리 64~66쪽 참조)

불가사리가 몸을 위쪽으로 둥글게 만 모습, 성게

불가사리처럼 성게도 다섯 방향으로 펼쳐진 5방사대칭형 구조를 지니는데, 외부만 봐서는 5방사대칭형 구조의 특성이 잘 보이지 않습니다. 하지만 내부를 보면 성게가 5방사대칭형 구조라는 것을 쉽게 확인할 수 있죠. 성게를 반으로 가르고 내장과 노폐물(먹이, 배설물) 등을 제거해 주면 성게 내부의 구조를 볼 수 있습니

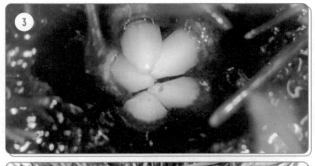

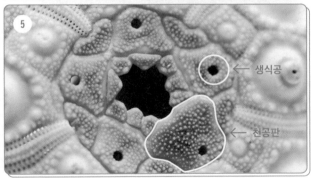

③ 성게의 이빨을 확대해 보자. 성게는 이빨로 해조류를 갉아 먹으며 살아간다.

④ 성게는 입의 반대편인 윗부분에 항문이 있다. 불룩한 부분이 바닷물이 들어오는 천공판
이다.

⑤ 항문 주변을 자세히 보면 구멍이 다섯 개 있다. 이는 정자나 난자가 배출되는 구멍인 생식
공이다.

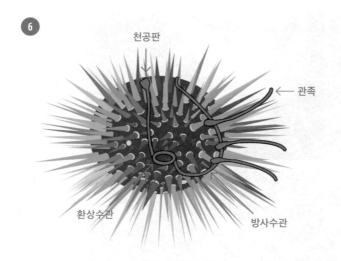

천공판

← 관족

환상수관

방사수관

⑥ 천공판을 통해 들어온 바닷물은 성게 내부의 수관인 환상수관, 방사수관을 지나 관족으로 이어진다.

⑦ 성게가 5방사대칭형인지 확인해 보자. 성게를 반으로 갈라 내장과 노폐물을 제거하면 이런 구조를 볼 수 있다. 노란색을 띠는 이것은 성게알로 알려져 있지만 성게의 생식소다. 성게의 생식소도, 관족이 나오는 선(보대)도, 이빨도 다섯 개다.

다. (성게를 가를 때 가시가 매우 단단하고 날카로우니 조심하세요.)

성게를 가르면 가장 먼저 보이는 것이 성게알로 알려진 '우니'입니다. 이 노란 부위가 다섯 방향으로 펼쳐져 있죠. 성게알로 알려진 이 부위는 정확히는 성게의 생식소입니다. 성게는 생식소 다섯 개를 지니는데, 각각의 생식소는 항문 옆 부분의 생식공들과 연결되어 있기 때문에 생식공도 다섯 개죠. 그리고 생식소 사이에는 관족이 나오는 선인 보대가 다섯 줄 있고, 이빨도 다섯 개입니다. 성게의 몸은 불가사리처럼 5방사대칭형 구조인 것을 확인할 수 있죠.

성게 안에 들어 있는 등불의 정체

성게의 소화관은 입부터 항문까지 세로로 이어지는데, 성게의 입 쪽 내부에는 굉장히 신기한 기관이 있습니다. 바로 '아리스토텔레스의 등불'이라 불리는 특이한 기관이죠. 이 이름은 고대 그리스의 철학자인 아리스토텔레스가 성게를 해부하고, 그 모습이 등불과 비슷하다고 묘사한 기록에서 유래된 것입니다.

아리스토텔레스의 등불은 어떤 역할을 할까요? 이 부위의 정체는 바로 성게가 먹이를 씹어 먹을 수 있도록 돕는 저작기관입니다. 아리스토텔레스의 등불을 분해해 보면 이빨과 납작한 석회질판이 연결된 다섯 기관이 모여 형성된 부위라는 것을 알 수 있습니다. 각각의 석회질판은 근육과 이어져 있기 때문에 성게는 근육의 움직임을 통해 석회질판을 움직이며 이빨을 사용해 해조류 등의 먹

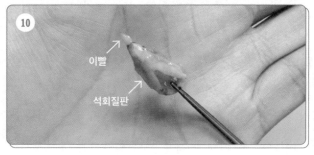

이빨

석회질판

⑧ '아리스토텔레스의 등불'이라 불리는 기관. 성게의 저작기관이다.

⑨ 이 저작기관을 떼어 내서 갈라 보자.

⑩ 이빨과 납작한 석회질판이 이렇게 연결되어 있다.

이를 갉아 먹을 수 있는 거죠.[1]

대부분 성게는 가시투성이인 외부 모습에 대해서만 알고 있었지만, 자세히 관찰해 보니 우리가 알던 성게의 모습과는 꽤 많은 것들이 다르죠? 성게는 움직이는 이빨과 움직이는 가시, 움직이는 발(관족)까지 비밀을 많이 숨기고 있는 생물이랍니다.

⑪ 저작기관의 아래를 보면 석회질판의 움직임을 조절하는 근육이 붙어 있는 것을 볼 수 있다. 성게는 이 구조 덕분에 이빨을 움직여 해조류 등 먹이를 갉아 먹을 수 있다.

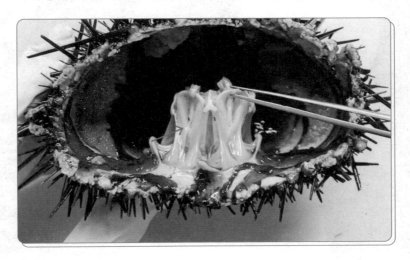

1 브리태니커 백과사전에는 "성게의 입은 다섯 이빨과 아리스토텔레스의 등불이라 불리는 복잡한 근육계로 구성되어 있다"라고 묘사되어 있어요. 이 '등불'이란 표현은 아리스토텔레스가 쓴 『동물의 역사』라는 책에 나오죠.
  하지만 일부 학자들은 아리스토텔레스의 등불이 성게의 저작기관이 아니라 성게의 몸통을 비유한 것이라고 해석하기도 합니다. 구멍이 숭숭 나 있는 성게 껍데기의 모습이 등불의 모양과 닮아 보이기도 하죠.

성게도 불가사리처럼
뇌가 없나요?

네, 성게도 단순한 신경계를
가지고 있어서 뇌라고 부를 만한
기관은 없어요. 수관 아래에
환상신경과 방사신경만
있답니다.

오호…… 뇌가 없는 생물이라니! 신기하군요.

뇌가 없는 생물은 의외로 꽤 많답니다. 자포동물인 히드라, 산호, 말미잘, 해파리도 뇌가 없어요!

여러분, 겨울잠이 아닌
여름잠을 자는 생물이 있답니다.

네?! 어떤 생물이 여름잠을 자나요?

해삼이에요. 해삼은 수온이 높아질수록
활동이 느려지고, 25도 이상이 되면
활동을 멈추고 여름잠을 자 버린답니다. 그래서 해삼은
여름잠을 자고 가을부터 겨울에 걸쳐 활동해요. 그래서
해삼의 육질이 가장 좋은 계절은 겨울이랍니다.

그렇다면, 겨울철 해삼은 꼭 챙겨 먹어야겠네요.

06 | 해삼

겨울철 별미,
오도독한 해삼 식감의 비밀

        불가사리, 성게에 이어 극피동물에 속하는 해삼을 살펴볼까요? 해삼은 횟집에서 쉽게 볼 수 있는 해산물 중 하나이기도 하죠. 해삼은 몸을 자유롭게 늘이고 줄일 수 있어서 모양이 끊임없이 변하는 생물인데, 몸이 길게 늘어난 해삼은 오이와 굉장히 닮은 모습이에요. 그래서 해삼은 외국에서 '바다의 오이(sea cucumber)'라고 불린답니다. 반면에 우리나라에서는 해삼을 바다의 오이가 아니라 '바다의 인삼'이라는 뜻에서 해삼(海蔘)이라 부릅니다. 이 이름은 생김새가 아니라 약재로 사용할 경우 해삼의 효능이 인삼과 유사하다는 뜻에서 붙여진 이름입니다. 과거에는 해삼에 사포닌이라는 성분이 있다는 사실까지는 알지 못했던 것으로 보여요. 그런데 현대로 오며 해삼에는 인삼 효능의 주성분인 사포닌이 많이 함유되어 있다는 사실이 밝혀졌답니다. 신기하죠?

    이전 장에서 보았던 불가사리와 성게는 촉수 같은 관족을 지녔

① 해삼의 관족. 등 쪽은 퇴화되고 배 쪽에 발달되어 있어서 배로 기어 다닌다.

습니다. 불가사리, 성게와 같은 극피동물문 생물인 해삼 또한 물속의 모습을 관찰해 보면 촉수 같은 관족이 나와 기어 다니는 것을 볼 수 있습니다. 우리나라에서 흔히 볼 수 있는 해삼은 5방사대칭형 구조이기 때문에 관족이 나오는 부위가 다섯 방향으로 퍼져 있습니다. 하지만 해삼은 등 쪽 부분의 관족이 변형(퇴화)되어 흔적만 남아 있고 배 부분의 관족은 넓게 발달했기 때문에, 관족의 배열이 성게나 불가사리처럼 5방향으로 명확하게 보이지는 않습니다. 그래서 해삼은 등 쪽의 관족은 사용하지 않고 배 쪽의 관족을 이용해 바닥을 기어 다니며 살아가죠.

해삼은 관족 끝에 빨판(흡반)이 있어서 빨판을 이용해 바닥이나 바위 등에 부착해 기어 다닙니다. 해삼이 관족을 움직이는 방법은 불가사리가 관족을 움직이는 방법과 같은 원리입니다. 바닷물을

② 해삼의 관족은 물 밖에서는 잘 보이지 않는다.

③ 해삼을 떼어 보면 관족 끝 빨판을 이용해 물체의 표면에 부착되어 있는 것을 볼 수 있다.

흡수해 혈액처럼 이용하는 수관계에 의해 관족을 움직이는 거죠.

그런데 성게와 불가사리는 입과 항문이 각각 몸의 아래와 위에 있었지만, 해삼은 몸이 옆으로 누운 형태여서 입과 항문이 좌우에 가로로 위치합니다. 이런 해삼의 입과 항문은 쉽게 구분이 가능합니다. 촉수들이 있는 곳이 입, 그 반대편이 항문이죠.

해삼의 입 주변에 촉수가 있다는 사실은 모르는 사람이 아주 많은데, 이는 물 밖에서는 수축해 잘 보이지 않기 때문이죠. 하지만 해삼을 물속에 넣으면 수많은 촉수들이 입을 둘러싸고 있는 모습을 쉽게 볼 수 있습니다. 입 주변 촉수는 가지처럼 펼쳐져 표면적이 넓어지는 구조인데, 해삼은 이 촉수를 이용해 기어 다니기도 하고 먹이를 잡아 입에 넣기도 합니다. 그래서 해삼은 해저 면에 서식하며 입 주변의 촉수를 이용해 플랑크톤 등의 유기물을 먹습니다.

호흡하고 먹이도 먹는 해삼의 항문

　입 반대편의 검은 구멍은 해삼의 항문입니다. 재밌게도 해삼은 항문으로 참 많은 일을 하는 생물입니다. 해삼의 항문은 배설물이 나오는 것은 물론이고, 호흡에도 사용됩니다. 해삼의 항문 안쪽에 는 배설강이라는 빈 공간이 있는데, 이 배설강 주변의 근육을 수축 하고 이완하여 물을 몸속으로 들이마시고 내쉴 수 있습니다. 이때 해삼은 항문 쪽에 호흡기관이 위치하고 있어서 항문으로 드나드는 물을 이용해 호흡한답니다. 항문 주변에 있는 해삼의 호흡기관은 잠시 후 해삼의 내부를 관찰하며 살펴봅시다.

　그리고 해삼은 물 흐름을 타고 항문으로 들어온 플랑크톤과 같 은 유기물을 소화시켜 영양분도 얻으며 살아갑니다. 그러니 해삼

④ 해삼의 입과 항문은 좌우로 위치해 있다. 촉수가 있는 곳이 입, 반대편이 항문이다. 물 밖 에서는 입 주변의 촉수가 잘 보이지 않는다.

입　　　　　　　　　　　　　　　　　　　　　　항문

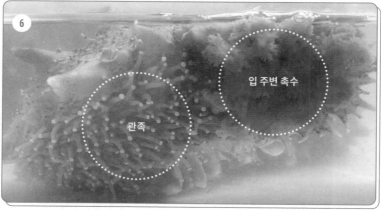

⑤ 물속에서는 해삼 입 주변의 수많은 촉수들을 볼 수 있다. 이 촉수를 이용해 기어 다니기도 하고 손처럼 이용해 먹이를 잡아 입에 넣기도 한다.

⑥ 해삼은 촉수와 관족을 이용해 기어 다니며, 플랑크톤과 같은 유기물을 먹는다.

⑦ 해삼의 항문. 항문 안쪽에는 배설강이라는 빈 공간이 있다. 배설강 주변에 근육이 있어 수축과 이완을 하며, 항문 쪽에 있는 호흡기관으로 물을 이용해 호흡한다.

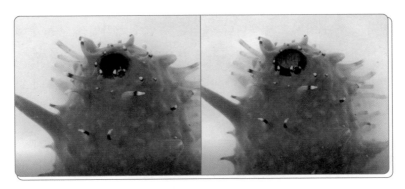

은 항문을 이용해 호흡도 하고 먹이도 소화시키죠. 해삼의 항문은 정말 여러가지 역할을 하네요!

내장이 파 먹혀도 살 수 있는 신비한 재생능력

해삼의 항문은 물의 흐름이 있고 아늑한 빈 공간인 배설강도 있어서 물고기(숨이고기류)나 작은 갑각류(게 등)가 기생하기도 합니다. 충격적이게도 해삼에 기생하는 일부 기생생물은 해삼의 내장을 파 먹으며 살기도 해요. 다행히 해삼은 재생능력이 아주 좋아서 내장이 먹혀도 회복될 수 있기 때문에 큰 피해는 없다고 합니다.

이러한 뛰어난 재생능력은 극피동물의 특성입니다. 해삼도 불가사리처럼 뛰어난 재생능력을 지닌답니다. 물론 손상된 기관이 하루 이틀 만에 빠르게 재생되는 것은 아니고 몇 주에 걸쳐 천천히 재생됩니다. 그리고 해삼은 뛰어난 재생능력을 이용한 특이한 보호 전략도 하나 가지고 있습니다. 해삼은 위험에 처하면 항문을 통해 자신의 내장을 쏟아 버려 포식자의 관심을 내장 쪽으로 돌린 후 도망가는 특이한 행동을 합니다. 이것은 도마뱀의 '꼬리 자르기'와 같은 자기절단 현상, 즉 자절(自切) 현상에 속하는 행동이죠.

일부 해삼 종에서는 항문으로 '퀴비에 소관'이라 불리는 끈적한 관을 쏟아 내어 포식자를 쫓아내기도 하는데, 이 퀴비에 소관은 자신을 공격하는 포식자의 몸에 달라붙어서 움직이지 못하게 만들 수 있습니다. 또 종마다 차이가 있지만, 퀴비에 소관에 독성물질이 포함된 종도 있어서 포식자에게 치명상을 입힐 수도 있다고 하네요.

해삼의 알이 아니라 생식소!

그럼 이제 해삼 내부를 살펴볼까요? 해삼 내부를 가르면, 주황색을 띠는 실 같은 부위가 보입니다. 이것은 해삼의 알로 알려져 식용으로 많이 쓰이는데, 정확하게는 해삼의 생식세포가 형성되는 생식소 부위예요. 주황색을 띠는 것은 암컷 생식소(난소)이고, 우윳빛을 띠는 것은 수컷 생식소(정소)랍니다.

생식소를 제거하고 나면 해삼의 기다란 소화관을 볼 수 있습니다. 해삼의 소화관은 입에서부터 항문까지 식도와 위, 장이 길게 감기며 이어져 있습니다. 이런 해삼의 소화관은 젓갈로 만들어 먹

⑧ 이 주황색 국수 같은 것은 해삼의 알로 알려져 있지만, 생식소다. 주황색을 띠는 것은 난소, 우윳빛을 띠는 것은 정소이다.

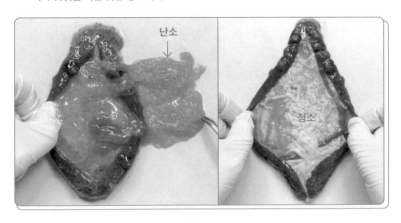

기도 하는데, 이것이 바로 '고노와타'라는 음식입니다. 고노와타는 숭어알, 성게알과 함께 일본의 3대 진미 중 하나로 알려져 있어요.

호흡수라 불리는 신비한 호흡기관

해삼의 항문 부분에서는 호흡수라고 불리는 해삼의 호흡기관을 볼 수 있습니다. 해삼은 항문으로 들어온 물을 통해 호흡한다고 했죠? 해삼의 호흡수는 항문 쪽 좌우에서 물속의 산소를 흡수하는 기관입니다. 해삼의 호흡수는 떼어 낸 후 물에 넣어 보면 가지 모양으로 넓게 펼쳐지는데, 그 모양이 나무 같아서 '나무 수(樹)'라는 한자를 써서 호흡나무, 즉 호흡수라 부르는 거죠.

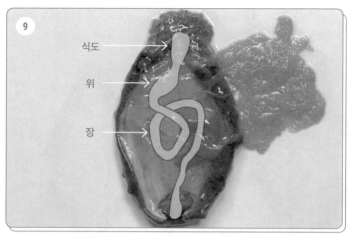

⑨ 입에서부터 식도와 위, 장을 지나 항문까지 이어져 있다.

⑩ 소화관을 쭉 펼쳐 보면 무척 긴 것을 확인할 수 있다.

해삼의 내장들을 다 제거해 보면 해삼 내부에 다섯 줄무늬가 있는 것을 볼 수 있습니다. 이는 해삼의 근육인 세로근인데, 이 세로근의 수축과 이완으로 몸의 크기를 조절한답니다. 이 근육 덕분에 해삼은 몸을 자유롭게 변형시킬 수 있고, 위협을 느끼면 몸을 수축해 단단하게 만들기도 하죠. 해삼은 수온이 낮은 겨울철에 가장 왕성하게 활동하므로, 겨울철에 세로근이 더욱 발달하게 됩니다. 해삼의 오독오독한 식감은 이 세로근 덕분이랍니다.

그리고 해삼의 입 부위를 관찰해 보면 식도를 석회질 고리가 둘러싸고 있는데, 석회질 고리 주변에는 촉수를 움직이는 근육이 붙어 있어서 이 근육들로 촉수를 당겨 몸 안으로 넣을 수 있습니다.

⑪ 해삼의 소화기관을 제거하고 나면 호흡수가 남는다. 이 호흡수를 물에 넣으면 나무처럼 가지가 뻗어 있는 모습을 볼 수 있다.

⑫ 해삼은 세로근을 통해 몸의 크기를 자유롭게 조절할 수 있다. 입 주변을 보면 식도를 석회질 고리가 둘러싸는데 이 주변에는 촉수를 움직이는 근육이 붙어 있다.

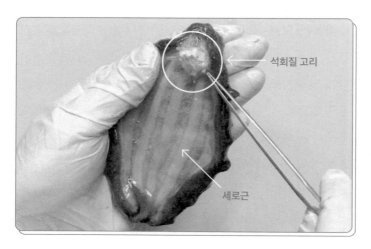

석회질 고리

세로근

그래서 해삼은 촉수로 먹이를 잡은 후 몸 안에 넣는 방식으로 먹이를 섭취한답니다. 해삼의 몸에는 신기한 부위들이 정말 많죠? 이제 수산 시장이나 횟집에서 해삼을 만나게 되면 자세히 관찰해 보세요. 이전보다 훨씬 많은 것들이 보일 거예요!

선생님, 우리가 먹는 건
해삼의 알이 아니라……
생식세포를 만들어 내는
생식소였군요.

네, 그렇답니다.

숭어알, 성게알과 함께
일본의 3대 진미라 알려진
'고노와타'도 해삼의 기다란
소화관이었고요.

네, 그렇답니다. 그리고,
해삼의 오독오독한 식감은
해삼 근육인 세로근
덕분이지요.

음…… 이제 해삼은
못 먹을 것 같군요
…….

3

마디로 나뉜 몸과
다리를 지닌
동물의 비밀

여러분,
새우 뼈를 보신 적 있나요?

네? 새우에 뼈가 있어요?

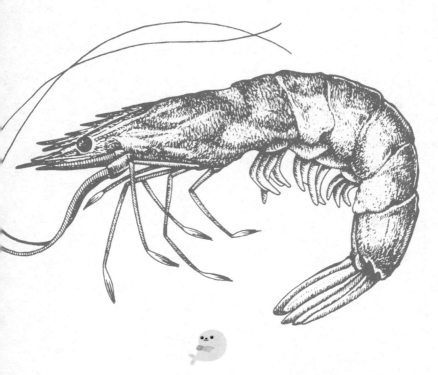

당연히 있죠. 자, 우리 함께
새우 뼈를 보러 갑시다!

07 │ 새우

새우 뼈는 어디에 있을까?

사람의 몸속에는 단단한 뼈가 있어서 신체를 지지해 주고 움직일 수 있도록 기능합니다. 하지만 새우는 어떤가요? 새우의 뼈를 본 적 있나요? 새우는 몸속의 뼈(내골격)가 없는 대신, 내부를 보호해줄 단단한 외골격을 지닌 무척추동물입니다. 그래서 새우는 내부가 아닌 외부에 뼈 역할을 하는 단단한 껍데기를 지니는 것이죠. 즉, 새우는 갑옷 같은 껍데기를 지닌 갑각류입니다. 갑각류에는 새우 외에도 게와 가재 등이 있습니다. 갑각류는 대부분 수중에서 생활하거나 물가에 사는데, 완전히 지상에 사는 일부 종(쥐며느리와 콩벌레로 알려진 공벌레 등)도 아가미에 수분이 적절하게 있어야 해서 축축한 곳을 좋아합니다.

그렇다면 이제는 갑각류인 새우에 대해 좀 더 자세히 알아볼까요? 새우의 몸과 다리는 여러 마디로 나뉘어 있습니다. 몸과 다리에 마디가 있는 것은 '마디 절(節)'과 '팔다리 지(肢)'를 써 이름이

① 새우, 곤충(사마귀), 거미, 지네는 모두 절지동물이다. 현존하는 동물의 80퍼센트 이상이
절지동물에 속한다.

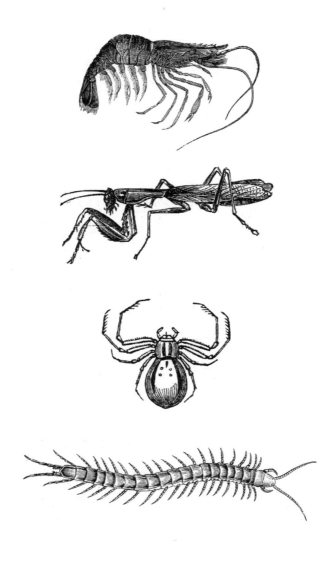

붙은 절지동물의 중요한 특징으로, 새우는 절지동물문에 속하는 생물입니다. 절지동물에는 새우와 같은 갑각류 이외에 곤충, 거미, 지네 등도 속해 있죠.

이 중에서도 곤충과 새우는 꽝장히 비슷한 점이 많습니다. 실제로 곤충은 지네와 거미보다는 갑각류와 분류학적으로 더 가깝습니다. 그래서인지 새우를 자세히 보면, 곤충과 비슷한 부분이 꽤 많이 보인답니다. 하지만 우리는 곤충은 징그러워하고 갑각류는 좋아하죠. 갑각류는 맛있어서일까요?

이번 장은 새우와 곤충의 비슷한 점을 생각하며 읽는다면 꽤 재미있을 거예요. 그럼 지금부터 새우 해부를 시작해 봅시다. 지금부터 우리가 외면하던 새우의 모습들을 아주 자세히 만나 볼 거예요. 아주 조금 징그러울 수 있으니, 새우 음식을 계속 즐겨 드시고 싶다면 넘어가도 좋답니다.

곤충과 비슷한 새우의 특징

새우를 관찰하기 위해 흰다리새우를 구입했어요. 새우의 외부에는 만질 때 조심해야 할 부분이 있습니다. 바로 새우의 이마뿔이죠. 새우는 이마뿔의 형태에 따라 종을 구분하기도 해요. 이마뿔은 생각보다 엄청 뾰족하고 단단하니 새우를 먹을 때는 이 부위를 조심해야 합니다. 그리고 이마뿔 옆에는 눈이 있어요. 새우의 눈은 눈자루 끝에 각막이 달려 있는 형태인데, 새우의 눈은 곤충과 같은 겹눈입니다. 겹눈은 홑눈 여러 개가 모여 이루어진 형태로 갑각류와 곤충류가 공통으로 가지는 특징이죠.

새우는 몸을 나눌 때도 곤충처럼 머리, 가슴, 배, 세 부분으로 구분합니다. 하지만 곤충처럼 한눈에 알아볼 만큼 명확히 세 부위로 나뉘어 있지는 않아요. 새우는 머리와 가슴이 갑각에 둘러싸여 두흉부로 합쳐진 형태이기 때문입니다. 그러니 사실 우리가 새우 머리라고 하는 부분은 새우의 가슴까지 포함된 부위를 말하는 거죠. 그래서 새우의 내부 장기들은 대부분 두흉부에 위치하고, 우리가 주로 먹는 부위는 새우의 배 부분입니다.[1]

새우는 다리가 몇 개일까?

새우의 다리는 몇 개일까요? 새우는 갑각류 중에서도 열 개 다리를 지닌다는 뜻인 '십각류'로 분류합니다. 근데 새우를 뒤집어 다리를 세어 보면, 한눈에 봐도 열 개가 넘습니다. 새우는 가슴 부

---

1 맛있는 새우 요리를 해 먹으려면 살아 있는 새우나 냉동 새우를 골라야 해요. 새우의 두흉부 부분이 붙은 채로 오랜 시간 냉장 상태로 방치되면, 새우의 식감이 좋지 않답니다. 그러니 살아 있는 새우를 구하지 못해 부득이 냉동 새우를 구입할 경우, '두절 냉동 새우'라 불리는 두흉부를 제거한 새우를 구입하는 것이 좋아요. 하지만 육수를 우리거나 고소한 내장을 맛보고자 하는 용도라면 두흉부가 보존된 '냉동 새우'를 구입하는 게 좋겠죠.

이마뿔

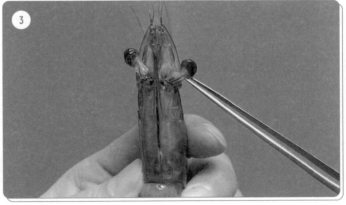

② 새우는 이 이마뿔을 통해 종류를 구분할 수 있다. 이마뿔 옆에 겹눈이 있다.

③ 새우는 눈자루 끝에 각막이 달려 있다. 곤충과 같은 겹눈이다.

④ 새우의 내장은 대부분 두흉부에 있다. 우리가 알고 있는 새우 머리는 가슴도 포함된 부분이다.

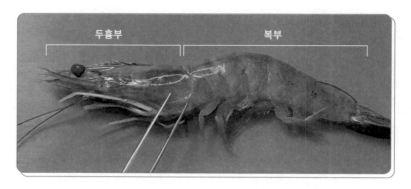

위에 있는 다리인 '걷는다리' 열 개(다섯 쌍) 이외에도 수많은 부속지(걷는다리를 포함한 부속)를 지니고 있기 때문이죠. 새우의 부속지를 꼬리 부위에서부터 자세히 살펴보겠습니다.

꼬리 부분부터 보면, 새우는 꼬리 이외에 '꼬리 부채' 네 개가 있습니다. 새우는 긴급 상황에 복부를 굽혔다 펴며, 꼬리 부채를 노처럼 젓으며 빠르게 헤엄칠 수 있답니다. 그래서 육지로 나온 새우가 팔딱거리며 톡톡 뛰는 것을 볼 수 있는데, 이는 위험에서 도망치려는 새우의 행동인 것이죠.

그리고 꼬리 위의 배 부분을 보면 배는 체절(마디) 여섯 개로 이루어져 있는데, 위쪽 다섯 체절에는 다리(부속지)가 한 쌍씩 붙어 있습니다. 배 부분의 다리 다섯 쌍은 바로 새우가 헤엄을 치는데 사용하는 '헤엄다리'죠. 새우는 헤엄다리로 물의 흐름을 만들어 내서 물속에서 헤엄치며 이동할 수 있습니다. 헤엄다리는 헤엄 용도

⑤ 새우의 부속지(다리, 더듬이 등)를 모두 떼어 낸 모습이다. 하나하나 살펴보자.

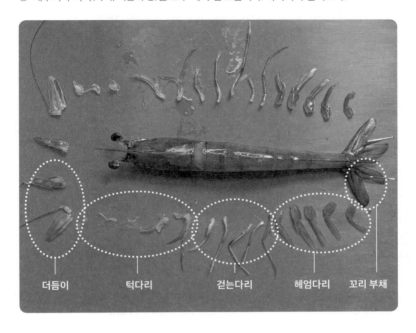

더듬이　　　　턱다리　　　　걷는다리　　　헤엄다리　꼬리 부채

이외에도 알을 품거나, 알을 흩날려 퍼뜨리는 용도로도 사용되죠.
　다음으로 두흉부를 관찰해 보면, 다리 다섯 쌍이 있습니다. 이 가슴 부위의 다리는 걷는 용도로 사용하는 '걷는다리'입니다. 새우는 이 가슴 부위의 다리가 열 개라 십각류로 분류되는 것입니다. 같은 십각류에 속하는 생물로는 게와 바닷가재 등이 있죠. 새우의 걷는다리에는 대부분 발견하지 못한 아주 귀여운 모양의 집게가 숨어 있답니다. 새우의 걷는다리 중 앞의 두 쌍 또는 세 쌍의 다리의 끝은 집게로 되어 있어요. 새우의 집게를 자세히 관찰해 볼까요?

꼬리 부채

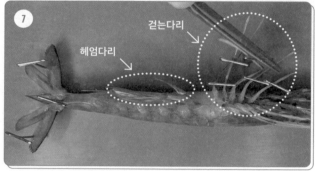

걷는다리

헤엄다리

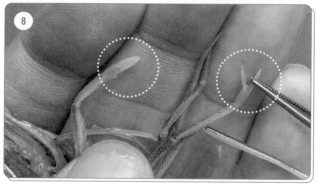

⑥ 새우는 헤엄다리뿐만 아니라 꼬리 부채를 이용해서도 헤엄친다.

⑦ 배 부분의 헤엄다리와 두흉부의 걷는다리.

⑧ 매우 작고 귀여운 새우의 집게다리. 게의 집게와는 차이가 난다.

다양한 역할을 하는 새우의 부속지

걷는다리 윗부분의 입 주변에는 먹이를 통제하는 턱다리와 턱 등 여러 부속지들이 있고, 그 위에는 더듬이가 두 쌍 있습니다. 새우는 더듬이로 냄새와 진동, 물의 흐름 등 여러 감각을 느낄 수 있으며, 유생 때는 더듬이를 이용해 수영을 하기도 하죠.[2] 이렇듯 꼬리 부채부터 더듬이까지 모두 새우의 부속지에 속하는데, 모두 다 나열해 보면 다리가 참 많다는 것을 알 수 있답니다.

새우의 암수는 간단히 구분할 수 있습니다. 바로 첫 번째 헤엄다리를 보면 되죠. 다른 헤엄다리와 똑같으면 암컷, 여기에 추가되는 체절인 교미기가 있다면 수컷입니다.

....

2 새우의 더듬이는 촉각이라고도 부릅니다. 촉각을 이루는 한자를 풀면 '닿을 촉(觸)', '뿔 각(角)'인데, 절지동물의 더듬이는 접촉 자극이나 화학적 자극 등을 감지하는 감각기관으로 사용되기 때문이죠. 더듬이는 작은 더듬이(제1촉각)와 큰 더듬이(제2촉각)로 나뉩니다. 작은 더듬이는 후각, 청각의 감각기관 역할을 하고, 큰 더듬이는 길게 늘어져서 주변의 접촉 자극을 감지하거나 헤엄칠 때 방향을 잡는 역할을 해요.

새우는 눈 한 쌍을 지녔지만 시력이 좋지 않아 더듬이 두 쌍을 이용해 주변 환경을 예민하게 감지하며 살아갑니다. 그래서 더듬이가 아주 중요한 부위랍니다.

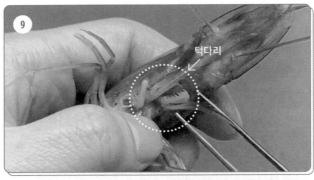

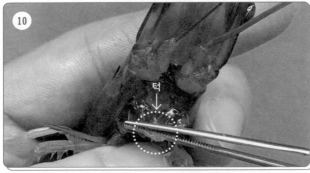

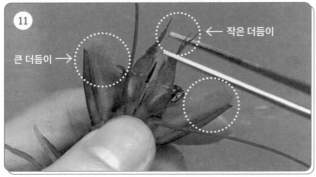

⑨ 먹이를 통제하는 턱다리.

⑩ 입 위에 턱. 턱다리와 턱은 음식물을 입으로 밀어 넣거나 자르는 역할을 한다.

⑪ 작은 더듬이는 후각 및 청각을, 큰 더듬이는 접촉 자극을 감지하거나 방향 잡는 역할을 담당한다.

⑫ 새우의 암수 구분은 첫 번째 헤엄다리를 통해 할 수 있다. 추가적인 체절이 없으면 암컷, 있으면 수컷이다.

새우 등의 까만 줄은 뭘까?

이제 새우의 내장 기관들을 살펴볼까요? 두흉부 갑각을 살짝 들어 보면 좌우에 아가미를 볼 수 있습니다. 두흉부 갑각을 벗겨 내면 윗부분에 있는 새우 심장도 볼 수 있죠. 심장 주변의 주황색 부분은 간췌장이라는 새우의 소화기관입니다. 간췌장은 절지동물의 소화샘으로 소화효소를 분비하는 부위죠.[3] 간췌장 조금 위쪽에는 새우의 위가 있고, 소화관은 위부터 등 쪽으로 쭉 이어집니다. 새우는 등 쪽으로 소화관이 지나가기 때문에 등 쪽을 잘라서 열면 새

----

3 간췌장은 척추동물의 간과 췌장(이자)의 역할이 합쳐진 듯한 기능을 해서 간췌장이라 불리게 되었습니다. 간췌장에서는 지질분해효소와 탄수화물분해효소 등의 효소를 분비해 영양분의 소화와 흡수를 돕는답니다.

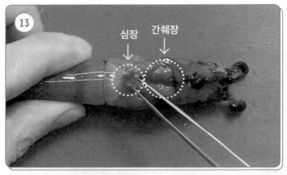

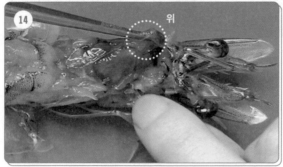

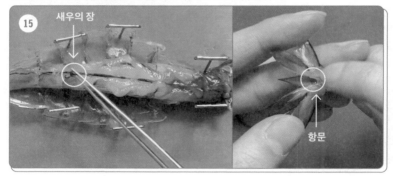

⑬ 두흉부 갑각을 벗겨 내면 윗부분에 있는 새우 심장을 볼 수 있다. 심장 주변의 주황색 부분은 간췌장이다.

⑭ 간췌장 조금 위쪽에 위가 있다.

⑮ 소화관은 위부터 등 쪽으로 쭉 이어져, 장, 항문으로 연결된다.

우의 장을 볼 수 있답니다. 새우의 장은 꼬리 끝까지 이어져 꼬리 아래쪽에 항문이 있습니다. 우리가 새우를 먹을 때 껍데기를 까 보면 새우 등 부위에서 종종 까만 줄을 보게 되는데, 이는 새우의 장과 새우가 소화 중인 음식물인 거죠.

⑯ 새우의 복부 신경은 배 쪽에 있고 뇌까지 이어져 있다. 해부하지 않아도 육안으로 쉽게 볼 수 있다. 살아 있을 때는 투명하지만, 현재는 검게 변해 있다.

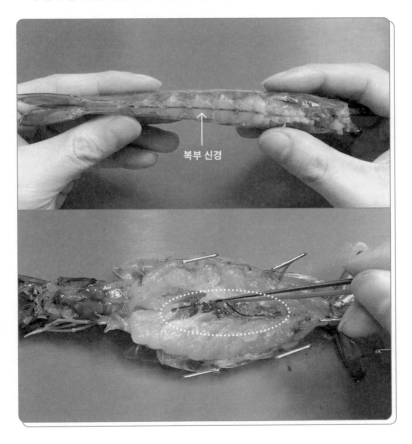

복부 신경

그리고 새우는 신경도 꽤 쉽게 확인할 수 있습니다. 새우의 배 쪽을 보면 투명한 선이 하나 있습니다. 사람은 신경이 등 쪽, 소화 기관이 배 쪽에 있는 구조인데, 새우는 반대로 등 쪽으로 소화기관이 지나고 배 쪽으로는 복부 신경이 있습니다. 그래서 새우를 조심스럽게 갈라서 배 쪽을 확인하면, 복부 신경도 확인할 수 있지요. 복부 신경은 두흉부 쪽으로 향하여 뇌까지 이어져 있답니다.

마지막으로 우리가 관찰한 새우는 짙은 회색을 띠고 있지만, 익힌 상태의 새우는 전부 붉은색을 띱니다. 새우의 껍데기를 분리해, 뜨거운 물에 넣어 보면 빨갛게 변하는 것을 관찰할 수 있죠. 새우 껍데기의 아스타크산틴이라는 색소는 열을 가하면 붉게 변하기 때문이죠. 아스타크산틴은 가재나 게와 같은 다른 갑각류에도 있기 때문에 가재와 게도 익으면 붉게 변한답니다.

⑰ 새우 껍데기에는 아스타크산틴 색소가 있어 열을 가하면 붉게 변한다.

선생님. 새우는 우리와 달리
외골격을 가지는군요. 그나저나
새우를 해부하니 곤충과
닮은 부분이 많군요.

네, 그렇죠. 새우는 곤충과 같은 구조의
겹눈이 있고, 곤충처럼 외골격을 가지고
탈피를 하며 성장한답니다. 그래서
저는 가끔 새우가 먹고 싶지
않을 때가 있어요.

그러게요, 선생님. 저도
예전처럼 새우 음식을
즐기지 못할 것
같아요.

여러분, 게딱지 비빔밥을
좋아하시나요?

그럼요! 게살보다 더 좋아하는걸요.

그럼, 우리가 비벼 먹는 부위들이
뭔지도 알고 있어요?

음…… 게 내장 아닌가요?

게 해부를 하며 함께 알아봅시다!
(주의! 게딱지 비빔밥을 먹지 못하게 될 수도 있음.)

08 | 홍게

게는 몸을 반으로 접고 살아간다?!

게는 앞서 살핀 새우처럼 몸과 다리가 마디로 나뉜 절지동물입니다. 절지동물 중에서도 두흉부에 단단한 갑각을 가지는 갑각류에 속하고, 또 갑각류 중에서도 다리 열 개를 지니는 십각류에 속하죠. 십각류에는 새우, 가재 등이 있다고 새우 장에서도 이야기 나누었죠.

그런데 새우와 가재는 생김새가 꽤 비슷하지만, 게의 몸은 새우, 가재와는 전혀 다른 구조처럼 보이지 않나요? 여기에는 반전인 사실이 하나 숨어 있답니다. 사실 게의 몸도 새우나 가재와 상당히 비슷한 구조로 이루어져 있지만, 놀랍게도 게의 몸은 반으로 접혀 있는 형태인 것이죠. 게가 반으로 접혀 있다는 것이 정확히 어떤 의미인지 지금부터 홍게를 관찰하며 알아볼게요.

① 십각류 생물인 새우, 게, 가재의 모습을 비교해 보자. 게는 새우나 가재와 달리 몸이 반으로 접혀 있는 셈이다.

몸 아래로 말려들어 간 게의 배

십각류는 머리와 가슴이 합쳐진 두흉부가 갑각에 둘러싸여 있고, 그 밑부분에 배가 있는 구조입니다. 우리가 주로 보는 등딱지 부분이 두흉부인데, 이상하게도 게의 몸에서는 배 부분이 보이질 않습니다. 그 이유는 게의 배가 몸 아래로 말려들듯 접혀 있기 때문이죠. 그래서 게의 아랫면 접힌 부위를 조심스럽게 열어 보면, 쫙 펴지는 것을 확인할 수 있습니다.

아랫면에 접혀 있던 부위가 바로 배 부분이기 때문에 이를 펼쳐 보면, 다른 십각류와 거의 같은 몸 구조를 지닌다는 것을 알 수 있죠. 게는 입에서부터 배의 끝부분까지 소화관이 이어져 있어서 게의 항문은 배의 끝에 있습니다. 그래서 장 속에 배설물이 남아 있

② 두흉부로 말려든 배를 펼쳐 꾹 누르면 게의 배설물을 볼 수 있다.

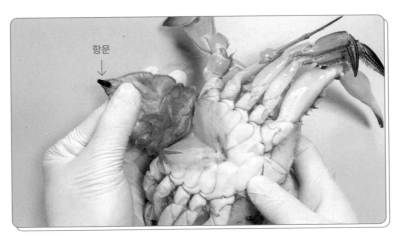

항문
↓

는 게들은 말려든 배 끝을 눌러 주면 남아 있던 배설물이 나오는 것을 확인할 수 있답니다. 이런 몸 구조로 게의 항문은 얼굴 쪽으로 향해 있어서 자기 얼굴 근처에 대변을 배설하는 셈입니다.

지금부터 홍게의 몸 구조를 좀 더 자세히 관찰해 보겠습니다. 앞서 다루었던 새우와 비교해 읽으면 더욱 재미있답니다. 같은 분류군에 속하는 생물들은 외부뿐만 아니라 내부에도 공통점이 아주 많다는 사실을 염두에 두면서요.

우선 게의 외부를 봅시다. 게는 두흉부 위쪽에 단단한 '머리뿔'이 있고 그 옆에는 눈이 있습니다. 게의 눈은 눈자루 끝에 달려 있는 형태인데, 게는 새우와 마찬가지로 곤충과 같은 구조의 겹눈을 지닙니다. 그래서 눈을 현미경으로 확대해 보면 수많은 홑눈으로 이루어진 겹눈을 확인할 수 있죠.

게는 단단한 갑각이 몸을 보호하는 주요한 수단인데, 이 갑각 속에 눈을 감춰 버릴 수도 있답니다. 게의 눈자루에는 근육이 있기 때문에 눈을 재빨리 움직일 수 있죠. 이런 게의 특성을 표현한 '마파람에 게 눈 감추듯'이라는 속담도 있습니다. 이처럼 게 눈의 움직임은 재빠른 행동의 대명사가 되었죠.

홍게에게는 없는 꽃게의 헤엄다리

게는 십각류로 다리 다섯 쌍(열 개)을 지니는데, 대부분 첫 번째 다리는 '집게다리'로 먹이를 사냥하거나 상대를 위협하는 데 쓰고

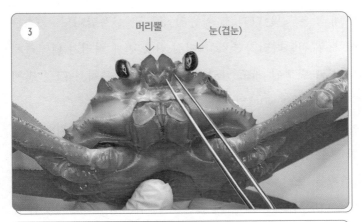

3 머리뿔 ↓   눈(겹눈) ↙

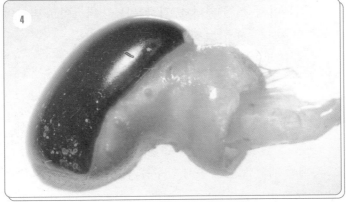

4

③ 게의 눈은 눈자루 끝에 달려 있어서, 갑각 속으로 숨길 수도 있다.

④ 게의 겹눈은 수많은 홑눈으로 이루어져 있다.

나머지 네 쌍은 '걷는다리'로 이동의 용도로 사용합니다. 홍게는 네 쌍이 모두 걷는다리지만, 꽃게처럼 다섯 번째 다리가 넓적하게 '헤엄다리'로 변형된 게도 있답니다. 꽃게는 물속에서 다섯 번째 다리를 노처럼 사용해 헤엄치죠.

그런데 앞서 다룬 새우는 십각류지만, 걷는다리를 제외한 부속 지가 참 많았습니다. 게도 새우처럼 많은 부속지를 지닙니다. 홍게 의 입 부위를 보면, 먹이를 통제하는 턱다리를 포함해 많은 부속 지가 있습니다. 그리고 눈 주변에는 더듬이도 두 쌍 있습니다. 갑 각류는 모두 더듬이 두 쌍을 지니죠. 갑각류는 이 더듬이로 먹이의 움직임, 물의 흐름을 느끼고, 몸의 평형을 유지합니다.

게의 암수를 구분하는 법

그리고 홍게는 배의 모양을 통해 암수를 구분할 수 있습니다. 홍 게는 개체수 유지를 위해 암컷을 포획하고 판매하는 것이 불법이 랍니다. 여러분이 드시는 게는 대부분 수컷이죠. 일부에서는 '빵 게'라고 말하며 암암리에 암컷 홍게를 판매하기도 하지만, 이는 엄 연한 불법이랍니다. 이렇듯 암컷 홍게는 쉽게 구할 수 없기 때문 에, 여기서는 암컷 홍게 대신 암컷 꽃게를 이용해 게의 암컷과 수 컷의 차이를 보도록 할게요.

암컷과 수컷을 구분하는 가장 쉬운 방법은 배를 확인하는 것입 니다. 게는 대부분 암컷이 수컷보다 배의 면적이 확연히 넓기 때문

⑤ 첫 번째 다리는 '집게다리'로 먹이를 사냥하거나 상대를 위협하는 데 쓰고 나머지 네 쌍은 '걷는다리'로 이동하는 데 사용한다.

⑥ 꽃게는 홍게와 달리 다섯 번째 다리가 '헤엄다리'다. 홍게와 비교해 보면 넓적한 노처럼 생긴 것을 볼 수 있다.

⑦ 게의 더듬이 두 쌍. 이 더듬이로 먹이의 움직임, 물의 흐름을 느끼고, 몸의 평형을 유지한다.

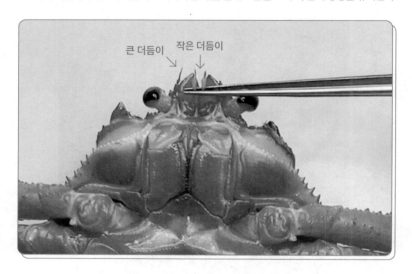

큰 더듬이   작은 더듬이

이죠. 암컷과 수컷의 배 형태가 차이 나는 것은 짐작하셨듯 암컷이 알을 낳는 방식과 관련 있습니다. 암컷은 배와 가슴 사이에 알을 낳은 후 알이 부화할 때까지 계속해서 알을 품는 특성이 있습니다. 암컷의 알을 낳고 품는 특성 때문에 암컷이 수컷보다 배의 면적이 넓게 된 것이죠.

이런 특성으로 암컷과 수컷은 배 부분 부속지 구성도 차이를 보입니다. 수컷 홍게의 배 속을 보면 생식을 위한 부속지가 두 쌍 있습니다. 수컷 홍게는 암컷과 짝지을 때 이 교미기를 이용해 암컷의 배 쪽으로 정자를 이동시키죠. 반면에 암컷의 배를 열어 보면 수컷보다 더 많은 부속지가 있습니다. 암컷의 부속지는 알을 배 안에 잘 붙이고 보관하는 역할을 하기 때문입니다. 신기하죠?

수컷 생식 부속지

암컷 생식 부속지

⑧ 수컷의 생식 부속지와 암컷의 생식 부속지. 암컷은 알을 배 안에 보관하기 위해 수컷보다
더 많은 부속지를 지닌다. 개체수 보호 정책으로 쉽게 구할 수 없는 암컷 홍게 대신 암컷
꽃게를 관찰했다.

게딱지 비빔밥의 진실

이제 홍게의 내부를 보겠습니다. 등딱지 부분인 두흉부 갑각을 내부가 손상되지 않게 조심스럽게 잘라서 열어 보면 게의 내부 기관을 관찰할 수 있습니다.

먼저 게의 내부에서 중간에 있는 것이 심장이고, 심장의 양옆에 있는 것이 아가미입니다. 아가미 위쪽을 보면 부속지가 있는데, 이 것은 자동차 앞 유리창을 닦는 와이퍼처럼 아가미의 불순물들을 제거하는 역할을 합니다. 아가미를 청소하는 부속지는 아가미 위아래로 한 개씩 있어 아가미가 깨끗하게 유지되도록 합니다. 이것은 호흡기관인 아가미가 깨끗해야 제대로 호흡할 수 있기 때문이죠.

⑨ 홍게의 내부.

⑩ 게의 아가미 위쪽과 아래쪽의 부속지는 아가미의 불순물을 제거하는 역할을 한다.

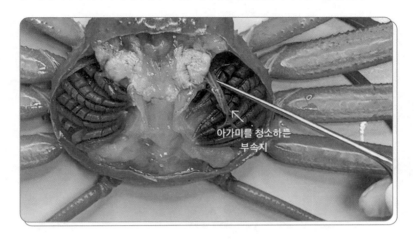

아가미를 청소하는
부속지

   그리고 아가미와 심장 주변에는 우리가 게 내장이라 부르는 것들이 내부를 채우고 있습니다. 이 부위를 자세히 보면 약간 초록빛을 띠는 것과 흰색을 띠는 두 가지로 이루어져 있죠. 두 부위들을 분리해 익혀 보면, 이 부위들이 우리가 게 내장으로 즐겨 먹던 부위라는 것을 확인할 수 있습니다.

   먼저 초록빛을 띠는 부위는 절지동물의 소화샘인 간췌장입니다. 간췌장은 먹이에 따라 약간씩 색깔이 달라지지만 대부분 노란색에서 연두색을 띱니다. 게의 간췌장은 소화관으로 소화효소를 분비하는 역할을 하는 부위죠. 그리고 흰색을 띠는 부위는 게의 수컷 생식소인 정소입니다. 게의 생식소는 간췌장 근처에 있습니다. 그러니 우리가 주로 먹는 게 내장은 간췌장과 생식소가 섞여 있는 부위인 것입니다. 그러니 게딱지 비빔밥은 사실 '게 간췌장 생식소

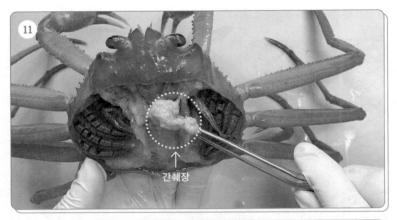

간췌장

생식소

⑪ 게의 소화관 주변은 간췌장(연두색)과 생식소(흰색)로 둘러싸여 있다.

⑫ 게의 생식소. 간췌장과 생식소는 우리가 즐겨 먹는 '게 내장' 부위다

⑬ 간췌장과 생식소를 덜어 낸 다음에는 장을 볼 수 있다.

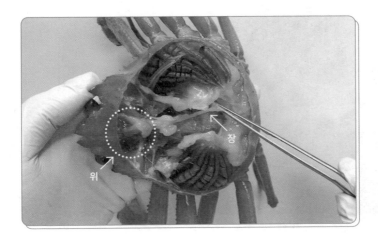

비빔밥'이라 표현하는 게 정확하겠죠. 물론 게 간췌장과 생식소 아래로는 게의 소화관도 지나가고 소화관 속에는 소화 중인 게의 먹이도 들어 있습니다. 이 부위들을 굳이 따로 덜어 내어 먹지는 않으니 사실 게가 소화 중이었던 먹이도 함께 먹는 셈입니다.

게의 위 속에는 이빨이 있다?

게의 소화관을 좀 더 자세히 살펴보면, 심장 윗부분에 있는 것이 위입니다. 위를 잘라서 들어 보면, 위와 이어진 장이 배 쪽으로 내려가며 항문까지 쭉 이어지는 것도 관찰할 수 있죠. 그리고 게의 위 속을 보면 아주 재미있는 기관도 볼 수 있습니다. 게의 위 속에

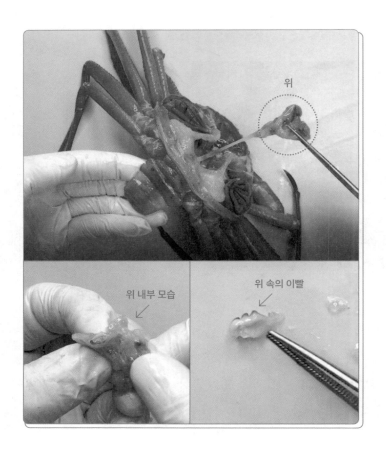

위

위 내부 모습

위 속의 이빨

⑭ 게의 위. 위 안에는 이빨이 들어 있다.

는 단단한 이빨이 있답니다.

　게는 위 속의 이빨을 이용해 위로 들어온 먹이를 한 번 더 잘게 분쇄해서 먹는 생물이죠. 그래서 게의 위를 '씹을 저(咀)' '씹을 작(嚼)'을 써서 음식물을 씹는 작용을 하는 위라는 의미로 저작위라고 부르기도 합니다. 새우와 바닷가재(랍스터) 모두 저작위를 지닙니다. 위를 덜어 낸 곳에서는 입에서 위로 이어지는 식도 구멍도 볼 수 있습니다.

⑮ 위를 덜어 낸 곳에 식도가 있다. 위와 식도의 연결을 확인할 수 있다.

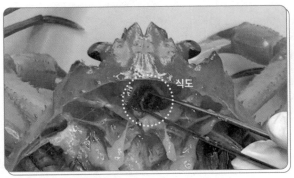

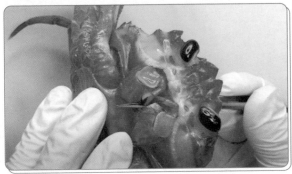

게의 신경계는 투명해서 육안으로 관찰하기는 어렵지만 식도 윗부분에는 뇌가 있고, 몸 중간에 신경절이 있는데 이것이 다리까지 연결되어 움직임을 제어하는 역할을 한답니다.

⑯ 식도 위의 '뇌'는 몸 중간의 '신경절'과 연결되어 있다. 이 신경절은 다리까지 이어져 움직임을 제어한다.

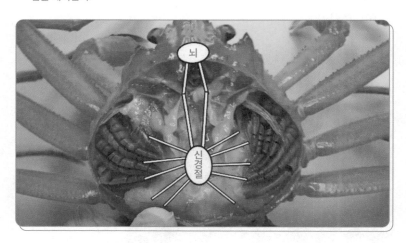

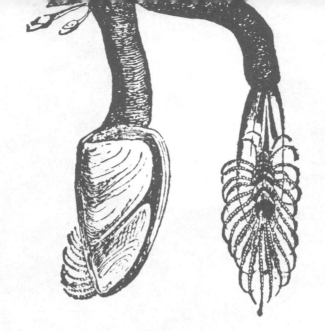

수백 년 동안 조개로 오해받았던
생물이 있어요. 이름에도 조개가 들어가 있죠.
바로 '조개삿갓'입니다.

오, 처음 듣는 생물인걸요. 어떻게 생겼나요?

바닷가에서 이미 보았을 수도 있어요.
신비하고 특이한 조개삿갓 자세히 살펴봅시다!

09 │ 조개삿갓

수백 년 동안 조개로 오해받은 생물의
충격적인 정체

　　　　　　바닷가에　버려진 부표에서 조개삿갓이라
는 생물을 발견했습니다. 조개삿갓은 단단한 껍데기를 지니고 있
어서 조개와 아주 유사한 형태를 띱니다. 하지만 조개삿갓을 물속
에 넣고 관찰해 보면 조개와는 조금 다른 생물이란 것을 알 수 있
습니다. 껍데기 사이에서 무언가 들어갔다 나오며 아주 활발하게
움직이는 모습을 볼 수 있죠. 위협을 느끼면 껍데기 내부로 쏙 숨
어 버리는 모습도 볼 수 있고요.

　이 생물은 새끼 조개나 죽은 조개의 껍데기로 오해받아 왔지만,
조개삿갓은 사실 조개와는 완전히 다릅니다. 조개삿갓은 조개가
아니라 따개비와 분류학적으로 가까운 생물이죠.

　조개삿갓은 이름에 조개가 들어간 만큼 조개와 모습이 닮았고,
실제로 수백 년 동안 조개가 속한 연체동물로 오해받아 왔습니다.
하지만 조개삿갓은 절지동물, 그중에서도 갑각류에 속하는 생물이

① 조개삿갓은 주로 물에 둥둥 떠다니는 부유물에 부착해 살아간다.

에요. 갑각류 중에서도 만각류로 분류되죠.[1] '만각'은 '덩굴 모양의 다리'라는 뜻입니다. 조개삿갓 껍데기 사이에서 나오는 덩굴 같은 것이 바로 조개삿갓의 다리입니다. 만각류에는 조개삿갓 이외에도 따개비, 거북손 등이 있습니다.

갑각류와 만각류의 유생

만각류 대부분은 파도치는 바위나 다른 생물의 몸에 부착해 살아갑니다. 그런데 조개삿갓은 주로 물에 둥둥 떠다니는 부유물에 부착해 살아가는 특이한 만각류죠. 그래서 조개삿갓은 사람들이 바다에 띄워 둔 부표에서 많이 발견됩니다. 그런데 한 가지 의문이 듭니다. 조개삿갓은 어떻게 부표까지 이동한 걸까요? 한곳에 부착해 움직일 수 없는데 말이죠.

놀랍게도 만각류는 유생 때 헤엄치며 자유 생활을 합니다. 유생 때 더듬이 두 개를 이용해 헤엄쳐 자신이 살아갈 장소를 직접 선택

---

1 조개삿갓은 우리나라 남해 연안의 표층 부유물에 부착된 상태로 비교적 흔히 발견되는, 몸통 길이 3센티미터 전후의 자루형 따개비류입니다.

비슷한 이름의 '삿갓조개'와 헷갈리는 사람도 있을 텐데요, 삿갓조개는 고둥과 함께 바위에 붙어 살며 몸 크기는 높이 1~1.5센티미터, 폭 2~3센티미터로 삿갓 모양의 조개입니다. 전복과 같은 연체동물 복족강에 속하며, 작은 전복을 먹는 듯 살이 쫄깃하고 시원한 맛이 일품입니다.

② 조개삿갓을 물속에 두면 껍데기 외부로 덩굴 같은 다리가 나오는 것을 볼 수 있다.
따개비도 물속에 두면 덩굴 같은 다리가 나온다.

하죠. 이런 만각류의 유생 시절 모습이 다른 갑각류의 유생 때 모습과 같아서, 만각류가 갑각류의 한 종류에 속한다는 것이 밝혀지게 되었답니다. 신기하죠?

조개삿갓은 대부분 여러 개체가 무리 지어 삽니다. 조개삿갓을 한 개체만 떼어 내 관찰하면, 조개삿갓의 몸은 두상부와 자루 부분인 병부로 나뉩니다. 만각류는 병부 부분이 없는 따개비 같은 종과 병부가 있는 조개삿갓, 거북손 같은 종으로 구분되기도 합니다.

조개삿갓은 어떻게 부표에 단단히 붙을 수 있는 걸까요? 조개삿갓은 병부 아래쪽에 '시멘트샘'이라 불리는 분비샘을 지니는데, 시멘트샘에서 분비되는 접착성 단백질 덕분에 한 장소에 단단히 부

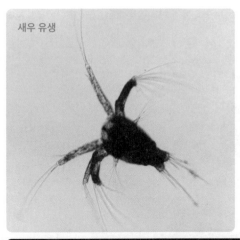

새우 유생

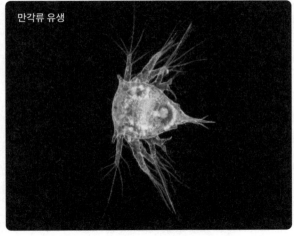

만각류 유생

③ 갑각류(새우) 유생과 만각류 유생의 모습이 흡사해 만각류가 갑각류의 한 종류에 속한다
는 사실이 밝혀지게 되었다.

④ 조개삿갓은 두상부, 병부로 이루어져 있다. 병부의 시멘트샘에서 접착성 단백질이 분비된다.

두상부

병부

착할 수 있는 것입니다. 그리고 조개삿갓의 두상부는 석회질로 이루어진 단단한 각판으로 싸여 있는데, 이것이 조개와 닮아 조개류로 오해받았던 겁니다.

각판에 숨은 조개삿갓의 진짜 모습

　각판 내부에 숨어 있는 조개삿갓의 본체는 어떤 모습일까요? 조개삿갓의 내부를 보는 법은 생각보다 간단합니다. 조개삿갓의 다리를 잡고 조심히 당겨 보면, 속살이 쏙 뽑히죠. 이것을 생물체를 해부할 때 쓰는 실체현미경으로 확대해 보면, 조개삿갓의 본체를 자세히 볼 수 있습니다. 조개삿갓은 윗부분에 다리가 있고 아랫부분에는 입과 내장 기관이 위치하는 형태인데, 사람의 모습에 비한다면 마치 물구나무를 선 모습인 거죠. 조개삿갓의 다리가 가장 윗부분에 있는 이유는 조개삿갓이 먹이를 사냥하고 섭취하는 방법을 알면 쉽게 이해할 수 있습니다.

⑤ 현미경으로 본 조개삿갓의 본체, 위에 다리가 있고 입과 내장이 아래에 위치해 있는 모습이다.

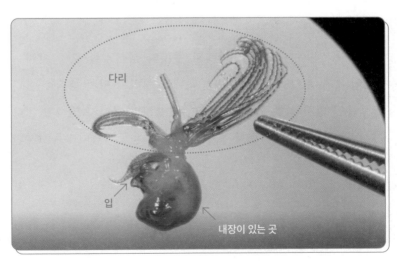

조개삿갓의 다리에는 털 모양의 빳빳한 돌기가 세세히 난 강모가 있는데, 조개삿갓은 다리를 각판 외부로 내밀었다 당겼다 반복하여 강모를 이용해 플랑크톤과 같은 먹잇감을 잡아 각판 내부로 끌어오는 방식으로 먹이 사냥을 합니다. 그래서 조개삿갓의 다리는 각판 밖으로 나가기 좋게 윗부분에 위치하고, 먹이들이 강모에 잡혀 들어오는 아랫부분에는 조개삿갓의 입이 위치하는 것이죠.

그리고 조개삿갓의 소화관은 입부터 이어져서 다리 끝에 항문이 있습니다. 각판 외부로 소화가 끝난 배설물을 배출하기 쉽도록 다리 끝에 항문이 있는 것이죠. 다리를 조심스럽게 당겨 보면 진한 색을 띠고 있는 소화관을 볼 수 있습니다. 이는 다리 쪽의 항문으로 이어지는 장의 끝부분이죠.

암수 생식소를 한몸에 지닌 조개삿갓

조개삿갓은 자웅동체로 암컷과 수컷의 생식소를 모두 가지는 생물입니다. 수컷 생식소는 몸통 쪽에 위치하고 암컷 생식소는 자루 부분인 병부 쪽에 위치하죠. 조개삿갓뿐만 아니라 만각류 대다수는 암컷과 수컷 생식소를 모두 지니는 자웅동체입니다.[2] 하지만

---

2 자웅동체인 동물로는 달팽이, 전복, 지렁이, 편형동물 대부분(촌충, 플라나리아), 일부 개구리, 일부 거머리 등이 있어요.

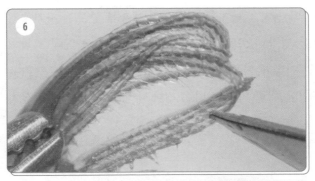

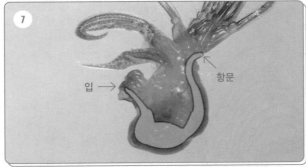

입 →

항문

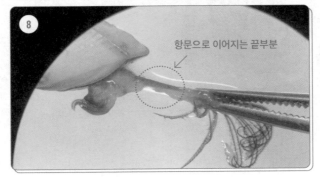

항문으로 이어지는 끝부분

⑥ 다리에 세세하게 난 강모는 플랑크톤을 잡아 각판 내부로 끌어들인다.

⑦ 조개삿갓의 소화관은 입부터 다리 쪽의 항문으로 쭉 이어져 있다.

⑧ 다리를 조심히 당기면 진한 색을 띤 소화관을 볼 수 있으며, 항문으로 이어지는 끝부분도
   확인할 수 있다.

만각류는 자신의 정자와 난자를 수정시켜 새끼를 만드는 자가수정을 하는 경우는 굉장히 드물다고 합니다. 그렇다면 한곳에 고착해 사는 만각류는 어떻게 다른 개체와 짝짓기를 하는 걸까요? 만각류의 짝짓기 방법에 대한 비밀은 다음 장에서 다룰 거북손에서 살펴보겠습니다.

⑨ 수컷 생식소는 몸통 쪽, 암컷 생식소는 자루 쪽에 있다.

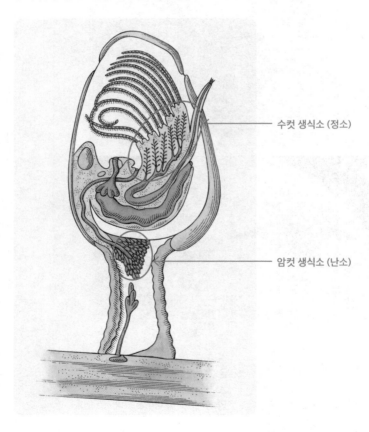

수컷 생식소 (정소)

암컷 생식소 (난소)

선생님, 조개삿갓은 먹이를
어떻게 감지하죠? 눈은
어디에 있나요?

만각류는 유생 때 눈을 지니지만
성체로 변하는 과정에서 눈이
퇴화해요. 빛과 어둠의 차이만 구분할
수 있는 광수용기로 변형되죠.
그래서 만각류는 시각이 아니라 다리의
감각에 의존해 먹이를 잡아
섭취한답니다.

여러분, 오늘은 거북손을 해부할 거예요!

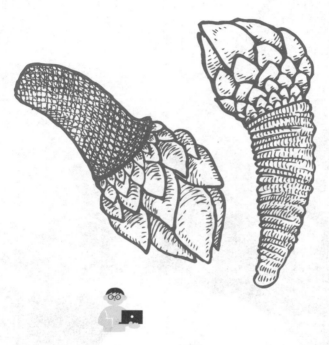

으악! 징그러워요. 거북이 손이라니요.

하하. '거북이 손'이 아니고
'거북손'이라는 이름의 생물이랍니다.

10 │ 거북손

거북이의 손을 닮은 생물

거북손은 파도치는 해안가의 바위틈에서 발견할 수 있는 생물입니다. 파도가 끊임없이 드나드는 바위는 생물이 살기 어려운 환경으로 보이지만, 자세히 살펴보면 굉장히 많은 생물이 살고 있어요.

거북손을 살펴보기 위해 파도치는 해안가의 바위로 직접 채집을 나가 보았습니다. 제가 관찰한 해안가 바위에는 말미잘부터 군부, 홍합, 굴 등 많은 생물이 살아가고 있었어요. 파도가 드나드는 곳에 서식하는 생물은 대부분 파도에 휩쓸리지 않게 바위 표면에 단단히 부착해 사는 종이 많습니다.

지금 소개할 거북손도 바위틈에 붙어서 살아가는 생물입니다. 바위틈에 뾰족뾰족하게 튀어나온 것들이 바로 거북손이라는 생물이죠. 거북손은 여러 개체가 무리 지어 사는데, 한 개체만 떼어 내 관찰하면 왜 거북손이란 이름이 붙었는지 쉽게 알 수 있습니다.

① 바위틈에 뾰족하게 튀어나온 것들이 모두 거북손이다. 같은 서식처를 공유하는 군부, 따개비, 홍합도 함께 볼 수 있다.

② 바위에서 떼어 낸 거북손.

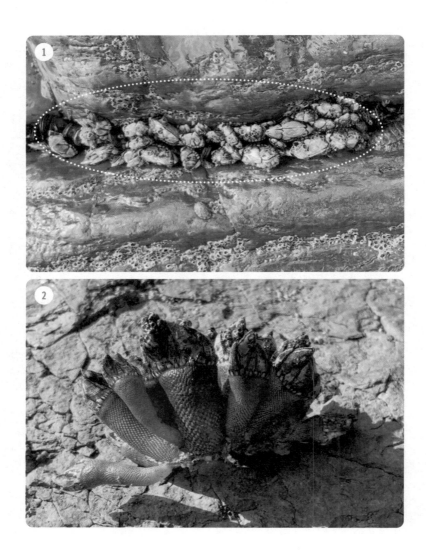

③ 인터넷에서 구매한 거북손. 거북손은 식용으로도 쓰여서 쉽게 구입할 수 있다.

④ 길쭉한 거북손에서 굵은 거북손까지 거북손의 모양은 제각각 다르다. 윗부분(두상부)은 단단한 각판 여러 개가 거북이 발톱처럼 자리하고, 자루 부분(병부)은 석회질 비늘로 덮여 있다.

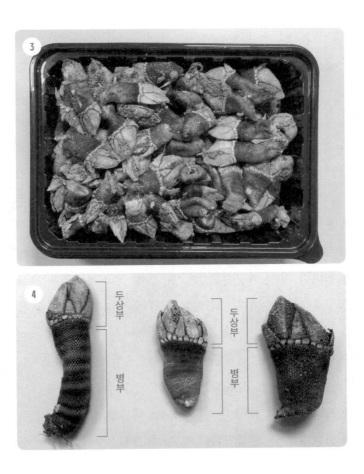

거북손은 모양이 굵은 것부터 길쭉한 것까지 다양한 형태가 있는데, 생김새는 모두 하나같이 거북이의 손처럼 생겼죠. 거북손의 윗부분을 두상부, 자루 부분을 병부라고 부르는데, 거북손은 두상부에 단단한 각판 여러 개가 거북이 발톱처럼 자리 잡고 있습니다. 그리고 병부를 덮고 있는 석회질 비늘이 거북이 피부처럼 보여 더욱 거북이 손과 닮아 보이죠.

거북손은 조개삿갓과 얼마나 비슷할까?

거북손은 도대체 어떤 생물일까요? 거북손은 앞서 살펴본 조개삿갓과 같은 만각류에 속하는 생물이랍니다. 조개삿갓은 바다를 떠다니는 부유물에서 주로 발견되고, 거북손은 해안가의 바위틈에서 주로 발견되어 서식지는 다르지만, 조개삿갓과 거북손은 같은 분류군에 속해 유사한 점이 아주 많답니다.

그러니 조개삿갓의 모습과 비교하며 거북손을 관찰해 보면 더 재미있을 겁니다. 우선 거북손의 속살을 볼까요? 거북손의 병부를 잘라서 껍질을 벗기면 거북손의 내부에 있는 부드러운 속살을 볼 수 있죠.

거북손 병부의 내부는 연체동물인 조개의 속살과 비슷하죠? 실제로 거북손은 조개류로 오해되는 경우가 많습니다. 병부의 부드러운 살을 조갯살처럼 삶아 먹기도 하죠.[1] 하지만 사실 거북손은 조개와는 완전히 다른 생물입니다. 두상부 각판을 제거해 내부를

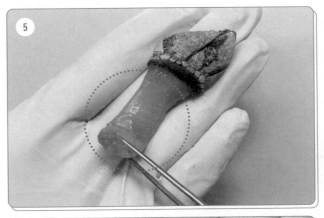

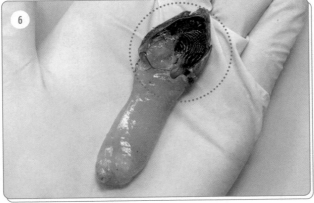

⑤ 거북손 병부를 잘라 껍질을 벗기면 연한 속살을 볼 수 있다. 이는 조개 속살과 비슷해, 19
세기 전까지 조개와 같은 연체동물로 분류되었다. 하지만 현재는 연체동물이 아니라 절
지동물, 그중에서도 만각류에 속하는 것으로 밝혀졌다.

⑥ 두상부에 있는 각판을 열면 보이는 거북손 내부.

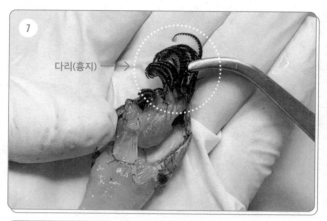

다리(흉지) →

⑦ 거북손은 갑각류 중에 덩굴 같은 다리를 지니는 만각류로, 조개삿갓과 내부의 생김새가
비슷하다. 거북손도 이 다리를 이용해 내부로 먹이를 가져온다.

⑧ 거북손의 다리는 가슴에 달린 다리, 즉 흉지라고 부르며, 총 여섯 쌍으로 밑에서부터 시작
해 위에 이르기까지 제1흉지~제6흉지라고 부른다. 흉지에는 먹이를 잡기 좋게 강모가 빽
빽히 나 있다.

관찰하면, 각판 내부에는 마디로 나뉜 수많은 다리가 숨어 있죠. 이 다리들을 관찰해 보면 거북손은 조개와 완전히 다른 생물이란 것을 쉽게 알 수 있습니다.

거북손은 연체동물이 아니라 다리가 마디로 나뉘는 것이 특징인 절지동물에 속합니다. 절지동물 중에서도 덩굴 같은 다리를 지니는 만각류에 속하는 생물이죠.

이 덩굴 같은 다리는 조개삿갓의 내부에서도 볼 수 있었죠. 조개삿갓이 덩굴 같은 다리로 먹이를 끌고 들어오는 것처럼 거북손도 다리를 이용해 먹이를 내부로 가져와 먹습니다. 거북손과 조개삿갓은 내부의 생김새와 생활 습성이 거의 비슷하기 때문에 조개삿갓이 자라서 거북손이 된다고 오해하는 사람도 있어요. 하지만 거북손과 조개삿갓은 같은 만각류에 속하는 생물일 뿐 같은 생물이 아니랍니다.

....

1 정약전은 흑산도로 귀향가서 쓴 어류학서 『자산어보』에서 거북손을 오봉호, 속명으로 보찰굴로 소개하며 굴과 같은 조개류로 설명했습니다. 책에 다음과 같이 설명하며 맛을 평했죠. "오봉이 나란히 서 있다. 바깥쪽 두 봉은 낮고 작으나 안쪽 두 봉은 크며 가운데 봉우리를 안고 있다. 황흑색이다. 뿌리 둘레는 껍질이 있는데, 그 껍질은 유자처럼 촉촉하고 윤기가 흐른다. 살에도 붉은 뿌리와 검은 수염이 있다. 맛이 달다."

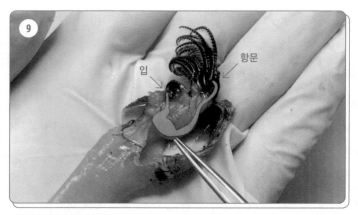

입   항문

⑨ 다리 바로 밑에 입이 있다. 내부로 끌고 들어온 음식을 바로 먹기 좋은 구조다. 입으로 들어온 먹이는 소화관을 거쳐 뒤쪽의 항문으로 배출된다.

⑩ 음식물의 섭취와 배출이 이 각판 윗부분의 틈을 통해 일어난다.

⑪ 거북손과 조개삿갓의 내부. 둘의 내부 모습이 굉장히 비슷하다.

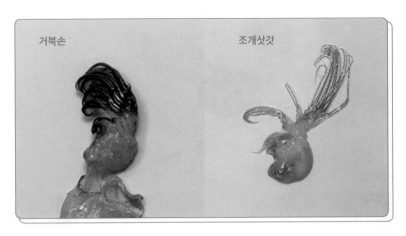

거북손   조개삿갓

몸에 비해 생식기가 아주 긴 생물

거북손의 다리는 가슴에 달린 다리, 즉 흉지라고 부르는데 총 여섯 쌍이며, 다리에는 먹이를 잡기 좋게 강모가 빽빽하게 나 있습니다. 잡아 온 먹이를 먹기 위해 다리 바로 밑에는 입이 위치해 있죠. 입으로 들어간 먹이는 소화관을 거쳐 뒤쪽 항문으로 나오게 됩니다. 음식의 섭취와 배출 모두 두상부의 틈을 통해 일어납니다.

거북손의 가장 신기한 부분은 항문 근처의 다리 사이(제6흉지 사이)에 위치합니다. 거북손의 다리 사이에 말려 있는 부위를 조심스럽게 당겨 보면 길쭉한 기관을 하나 꺼낼 수 있습니다. 이 길쭉한 것은 놀랍게도 거북손의 생식기입니다. 거북손은 몸에 비해 생식기가 아주 긴 생물입니다. 거북손이 긴 생식기를 지니는 이유는 거

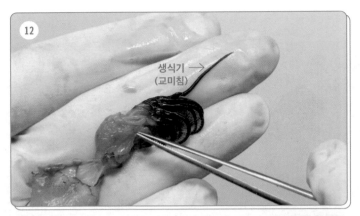

생식기 →
(교미침)

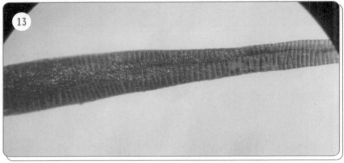

⑫ 거북손의 제6흉지 사이에 말려 있는 것을 꺼내어 펼치면 거북손의 생식기인 교미침을 확인할 수 있다. 거북손은 몸에 비해 생식기가 아주 길다.

⑬ 거북손의 생식기를 확대해 보면, 이렇게 주름져 있는 것을 볼 수 있는데, 신축성이 있어서 늘어난다. 거북손은 자웅동체 생물이지만 자가수정은 하지 않는다. 긴 생식기로 주변에 있는 다른 개체와 교미해 자손을 만든다.

북손은 한곳에 부착해 움직일 수 없기 때문이죠. 다른 장소로 이동하는 것이 불가능한 거북손은 본체가 움직이는 대신 긴 생식기를 이용해 주변의 다른 개체에게 정자를 주입하는 방식으로 짝짓기를 합니다.

유전적 다양성을 높이기 위한 거북손의 생식 방법

기다란 생식기는 거북손뿐만 아니라 조개삿갓과 따개비 등이 지닌 만각류의 특징입니다. 거북손의 생식기를 확대해 보면 주름이 진 구조인데, 신축성이 있어서 늘어날 수 있는 구조입니다. 그런데 긴 생식기로 다른 개체에게 정자를 주입하는 거북손을 발견하더라도 수컷이라 생각하면 안 됩니다. 거북손은 암수 생식소를 한몸에 가지는 자웅동체 생물이기 때문이죠. 거북손의 두상부에는 정소, 병부에는 난소가 있습니다.

보통 암수를 한몸에 가지는 자웅동체 생물들이 자신의 정자와 난자를 이용해 자손을 만들어 낼 거라 오해합니다. 하지만 자웅동체인 생물은 주변에 다른 개체가 있다면, 다른 개체와 생식세포를 교환해 자손을 만들어 내는 것을 우선으로 합니다.

자가수정이 가끔 일어나기는 하지만, 대부분 긴 생식기로 주변에 있는 다른 개체와 교미하죠. 자신의 정자와 난자를 수정시키는 것보다 주변의 개체들과 교미하는 것이 유전적 다양성을 높여 생존에 보다 유리하기 때문입니다. 그래서 사실 자웅동체의 장점은 자가수정이 아니라 어떤 개체를 만나도 정자와 난자를 서로 교환할 수 있다는 것이랍니다.

이렇게 주변 개체와의 수정을 통해 태어난 거북손 유생은 자유롭게 헤엄치다 적당한 곳에 부착해 그곳에서 평생을 살게 됩니다. 거북손의 유생은 조개삿갓의 유생 형태와 동일하니, 조개삿갓의 내용을 참고해 주세요.

자, 이제 거북손의 정체를 알았으니, 해변에서 거북손을 발견하더라도 거북이의 손이 떨어졌다고 놀라는 일은 없겠죠?

선생님, 거북손
드셔 보았나요?

그럼요. 거북손은 대게, 오징어,
조개의 맛이 섞인 굉장히
신기한 맛이었어요. 식감은
오징어처럼 질겼고요.

거북이 손을 닮아서 그런지 조금
먹기 꺼려지네요……. 하지만
대게, 오징어, 조개는 제가 다
좋아하는 해산물인걸요.

유럽과 일본에서는 귀한
식재료로 대우받고 있다고
하니, 한번 도전해 보세요!
꽤 맛있답니다.

4

연한 몸을
보호하기 위한
다양한 전략

조개껍데기는 어디서 나오는 걸까?
조개가 주워 입는다 해도 누군가는
만들었을 텐데…… 누가 만들었지?

하하. 어디서 나오는 게 아니에요.
조개가 직접 껍데기를 만든답니다!

네? 정말요?

어떻게 만드는지 궁금한가요?
자, 조개를 해부하러 가 봅시다.

11 | 개조개

조개껍데기는 어디서 생겨난 걸까?

몸에 뼈가 없이 연한 몸을 가지고 있는 동물을 연체동물이라 합니다. 연체동물은 연한 몸을 보호하기 위해 석회질 껍데기로 이뤄진 패각을 지닌 종이 많죠.[1]

개조개나 굴, 가리비처럼 단단한 패각 두 개를 가지는 연체동물을 이매패류라고 합니다. 이번 장과 다음 두 장에 걸쳐서 세 가지

---

[1] 연체동물 중에는 오징어나 문어, 군소처럼 패각이 퇴화해 몸을 보호할 수 없는 연체동물도 있답니다. 패각을 지니지 않는 연체동물은 패각 대신 자신만의 특별한 생존 전략을 가지는 경우가 많죠.

패각을 지니는 연체동물은 모두 무거운 패각 때문에 움직임이 아주 느려요. 하지만 오징어와 문어는 무거운 패각이 없는 대신 빠르게 헤엄칠 수 있게 되었고, 먹물을 뿜어 포식자의 눈을 속이거나 몸 색을 주변 환경에 맞춰 변화할 수 있는 위장 능력을 지녔죠. 그리고 군소는 위기가 닥쳤을 때 독성을 띠는 보라색 색소를 뿜어 몸을 보호한답니다.

형태의 이매패류 생물(개조개, 가리비, 굴)을 관찰하며 이매패류 특징에 대해 자세히 알아보겠습니다. 이매패류는 다양한 방법으로 생태계에 적응했기 때문에 바위처럼 단단한 곳에 부착해 살아가는 종도 있고, 흙 속에 숨어 사는 종도 있고, 심지어 헤엄칠 수 있는 종도 있습니다. 그래서 이매패류는 각각의 생활 습성과 환경에 따라 몸 구조도 조금씩 다릅니다. 앞으로 소개할 개조개, 가리비, 굴은 생활 습성과 몸 구조가 제각각 다른데, 비교해 살펴보면 이매패류에 대해 더욱 잘 이해할 수 있을 거예요.

부드러운 몸을 보호하는 개조개의 생존 전략

개조개는 모래나 진흙 속에 숨어 수관을 밖으로 내밀고 살아갑니다. 물속에서 개조개의 모습을 관찰해 보면 단단한 패각 속에 몸을 숨기고 수관만 밖으로 내밀고 있습니다. 수관은 빨대 같은 구조의 관으로, 개조개는 이 수관을 이용해 물을 빨아들이고 뱉으며 물속의 산소를 이용해 호흡을 합니다. 그리고 물을 따라 수관으로 들어온 유기물을 걸러 영양분을 섭취하기도 하죠.

개조개가 몸의 다른 부분은 단단한 패각 속에 숨기고 수관만 내밀고 있는 것은 부드러운 속살을 지키기 위한 개조개의 생존 전략입니다. 개조개는 위협을 느끼면 수관도 패각 속으로 집어넣은 후 두 패각을 단단히 닫아 버립니다. 그래서 개조개는 죽지 않는 이상 패각을 활짝 벌리는 일은 없죠.

① 조개의 수관은 빨대와 같은 구조로 되어 있다. 이 수관을 통해 호흡하고 영양분을 섭취한다.

② 몸은 단단한 패각에 싸여 있고 수관만 패각 밖으로 내민다.

수관

수관

그런데 개조개의 몸을 보호해 주는 단단한 패각 두 개는 어디서 온 것일까요? 놀랍게도 개조개는 패각을 직접 분비해 만들어 냅니다. 개조개가 속하는 이매패류뿐만 아니라 전복, 소라, 달팽이 등 패각을 지니는 연체동물은 모두 단단한 패각을 직접 분비해 만들어 내죠. 연체동물 대다수는 부드러운 몸을 지니고 움직임도 굉장히 느리기 때문에 바다생물에게 만만한 먹잇감이 될 위험이 있어요. 그래서 오징어, 문어 등 일부 종을 제외한 연체동물 대다수는 외부에 단단한 패각을 만들어 부드러운 몸을 보호하죠.

조개가 패각을 직접 만든다는 증거

이매패류가 패각을 분비한다는 사실을 알 수 있는 증거로는 패각 크기가 일정 시간이 지나며 변한다는 것입니다. 이매패류는 몸집이 커지며 패각도 함께 성장하죠. 개조개의 패각을 자세히 관찰해 보면 개조개가 성장하며 패각이 추가되어 넓어진 흔적을 볼 수 있습니다. 껍데기의 가장 안쪽 부분을 각정이라고 하는데 이 각정은 패각이 가장 먼저 생성된 부분입니다.

개조개의 패각은 내부의 몸이 성장하며 각정에서부터 바깥쪽으로 새롭게 생성되어 추가되는 형태로 서서히 넓어집니다. 그래서 각정에서 바깥쪽으로 갈수록 최근에 생성된 패각이랍니다. 이 패각은 일정한 속도로 성장하지 않고 계절과 주변 환경에 따라 성장 속도가 달라지게 됩니다. 여름과 겨울에 성장 속도가 다르고, 온도

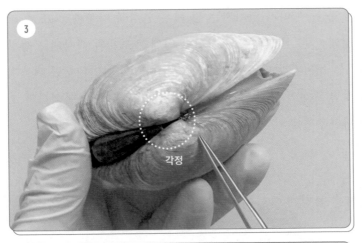

각정

③ 패각 꼭대기 도드라진 부분이 각정으로, 패각이 가장 먼저 생성된 부분이다.

④ 패각은 각정에서부터 바깥쪽으로 새롭게 생성되어 추가된다.

와 일조량 등에 따라 달라지는 등 외부 환경에 영향을 받죠. 이러한 환경에 따른 성장 속도의 차이로 인해 개조개의 패각에는 생장선이라는 무늬가 나타나는데, 생장선은 나무의 나이테처럼 개조개가 성장한 과정이 담겨 있습니다. 그래서 이 생장선을 분석하면 조개의 나이를 추측할 수도 있죠.

패각은 어떻게 만들어질까?

이매패류가 패각을 분비하는 부위는 패각 내부의 외투막입니다. 외투막을 보기 위해서는 패각을 열어 내부를 봐야 하는데, 이매패류를 여는 방법은 대부분 비슷합니다. 이매패류는 내부에 폐각근이라는 근육이 패각을 잡아 주고 있습니다.[2] 이매패류의 폐각근은 두 개 또는 한 개가 있는데, 개조개는 폐각근을 두 개 지닙니다. 그래서 이 폐각근만 잘라 주면 패각은 쉽게 열리게 되죠.

개조개는 폐각근이 좌우에 하나씩 있기 때문에 숟가락과 같은 도구로 폐각근 두 개를 자르면 패각이 쉽게 열립니다. 개조개의 패

---

2 패각은 '조개 패(貝)' '껍데기 각(殼)'으로 조개껍데기입니다. 근데 왜 패각을 잡아 주는 이 근육의 이름이 패각근이 아니라 '폐각근'일까요? 폐각근의 한자를 풀면, '닫을 폐(閉)' '껍데기 각(殼)' '힘줄 근(筋)'입니다. 즉, 조개껍데기를 닫는 힘줄을 의미하죠.
폐각근은 흔히 관자라고도 부르는데, 강한 근육질로 이루어져 있어 쫄깃쫄깃한 식감을 자랑합니다. 그래서 관자는 조개 부위 중에서도 가장 사랑받는 식재료랍니다.

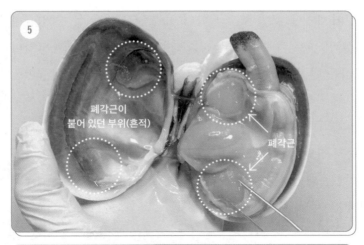

폐각근이
붙어 있던 부위(흔적)

폐각근

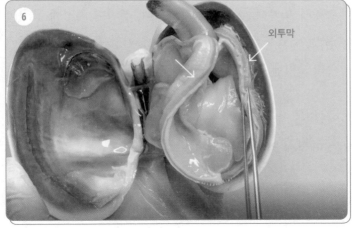

외투막

⑤ 활짝 연 개조개의 내부, 조개껍데기를 닫는 데 쓰는 근육인 폐각근의 흔적이 보인다.

⑥ 외투막은 양옆 패각에 붙어 있다.

각을 열어 내부를 보면 패각에 붙어 있는 얇은 막을 볼 수 있습니다. 이 막이 바로 이매패류가 패각을 분비하는 장소인 외투막입니다. 패각은 탄산칼슘이 주성분인데, 이매패류는 물속의 칼슘이온을 몸속에 저장한 후 수중의 탄산수소이온과 결합해 탄산칼슘으로 만들어 냅니다. 외투막에서는 이렇게 만든 탄산칼슘을 여러 겹으로 쌓아서 단단한 패각을 만드는 거죠. 촘촘하게 쌓인 탄산칼슘 사이사이에는 단백질도 함께 분비되어 혼합되는데, 이 덕분에 패각은 더욱 단단해집니다.

그래서 이매패류는 내부의 몸이 커질 때 외투막에서 패각을 분비해 계속해서 추가해 나가며 성장하는데, 심지어 패각에 흠집이나 작은 구멍이 났을 때 수리할 수도 있습니다. 흠집이 난 부위에 다시 패각을 분비해 덮어 버리는 형태로 말이죠. 대단하죠?

조개는 어떻게 먹이를 먹을까?

외투막을 걷어 내고 내부 수관을 보면, 수관은 앞에서도 언급했듯이 빨대 같은 관 두 개로 이루어져 있습니다. 수관 밑부분이 물이 들어오는 입수관, 윗부분이 물이 나가는 출수관입니다. 입수관으로 들어온 물이 몸을 돌아 출수관 쪽으로 나가게 되는 구조죠. 개조개는 입수관으로 들어온 물로 호흡을 하기 때문에 물이 들어오는 입수관 바로 앞에 아가미가 있는 것을 볼 수 있습니다.

이매패류의 아가미는 호흡하는 역할과 함께 플랑크톤 같은 먹

출수관

입수관

⑦ 각정을 위로 놓고 보았을 때 수관의 밑부분이 입수관, 윗부분이 출수관이다.

⑧ 핀셋을 넣어 보면, 수관은 내부와 연결되어 있는 것을 볼 수 있다.

⑨ 개조개를 물 밖으로 꺼내면 수관을 통해 물이 나가는 것을 볼 수 있다.

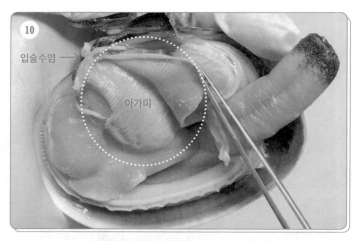

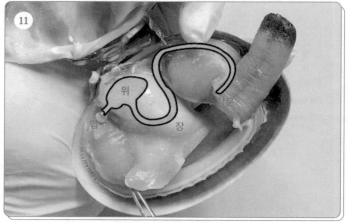

⑩ 윗부분의 외투막을 제거하면 물이 들어오는 곳 바로 앞에 있는 아가미를 볼 수 있다.

⑪ 아가미를 통해 거른 먹이는 입술수염으로 가서 안쪽에 위치한 입으로 들어가고, 위와 장
을 지나 항문으로 나간다.

이를 걸러 내는 역할도 합니다. 입수관을 통해 들어온 먹이를 아가미로 걸러 낸 다음 입으로 이동시켜 섭취하죠. 이렇게 입으로 들어온 먹이들은 윗부분의 소화관을 거쳐 항문으로 나가는데, 항문은 출수관 앞쪽에 있습니다. 그래서 출수관으로 물이 나갈 때 배설물도 함께 나가게 되죠. 아주 과학적인 몸 구조랍니다.

조개는 느리지만 열심히 움직인다

속살을 완전히 분리해서 꺼내어 보면, 핑크색의 도끼 모양 기관을 볼 수 있습니다. 이것은 바로 개조개의 발입니다. 이매패류는 움직임이 없다고 생각하는 분들이 많은데, 어딘가에 부착해 살아가는 종을 제외한 이매패류는 느리지만 열심히 움직입니다. 개조개는 도끼 모양의 발을 몸 밖으로 내밀어 땅을 파고들어 흙 속에 몸을 숨기죠. 이매패류는 대부분 이런 '도끼 모양의 발'을 지니므로 부족류라 불리기도 합니다.

개조개의 발 윗부분에는 생식소가 있습니다. 이매패류는 생식소 안쪽으로 장이 지나죠. 그래서 발을 잘라 내고 생식소 부위를 조심조심 가르면 그 안에 장이 지나가는 것도 볼 수 있습니다.

마지막으로 이매패류는 몸 내부로 이물질이 들어왔을 때, 이를 제거하기 위해 내부에서 탄산칼슘을 분비해 이물질을 감싸 버리는 방어 작용을 합니다. 이 방어 작용의 결과가 바로 아름다운 진주랍니다. 이매패류가 자신의 몸을 이물질로부터 보호하기 위해 노력

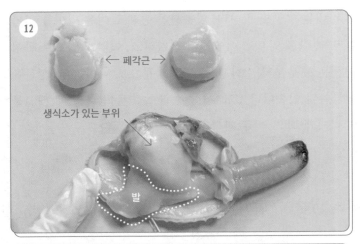

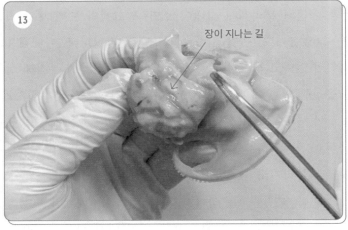

⑫ 폐각근을 제거하고 나면, 이렇게 핑크빛 도끼 모양 기관이 있다. 이는 개조개의 발이며, 발 윗
 부분의 내부에는 생식소가 있다.

⑬ 생식소 내부를 갈라 보자. 장이 지나는 길을 볼 수 있다.

하는 과정에서 아름다운 진주가 만들어지는 것이죠.

모두들 알고 있었나요? 생물에는 참 재미있는 사실들이 많이 숨어 있습니다. 살다 보면 우리들도 어려운 시련을 마주할 때가 있습니다. 하지만 그런 시련을 조개가 이물질을 품듯 잘 받아 낸다면, 단순히 상처로 남는 것이 아니라 아름다운 진주로 거듭날 거예요!

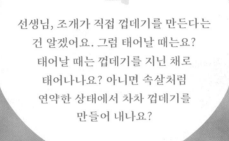

선생님, 조개가 직접 껍데기를 만든다는
건 알겠어요. 그럼 태어날 때는요?
태어날 때는 껍데기를 지닌 채로
태어나나요? 아니면 속살처럼
연약한 상태에서 차차 껍데기를
만들어 내나요?

조개는 알에서 태어날 때부터
연한 껍데기를 지니고 있다고 해요.
성체로 자라며 몸과 함께 껍데기도
자라게 되는 거랍니다.

여러분, 가리비에 눈이 있다는
사실을 알고 있나요?

네? 가리비가 눈이 있어요?
조개는 눈이 없잖아요?

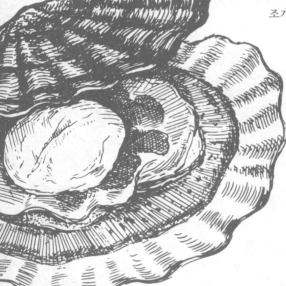

조개 대부분은 눈이 없지만
가리비는 있어요. 무려 200개나 있는걸요!

보여 주세요, 선생님!!!

12 | 가리비

눈이 수백 개인 가리비의 비밀

가리비는 커다란 관자에 맛과 영양까지 풍부해 조개구이나 조개탕 등의 식재료로 사랑받는 생물입니다. 단맛을 내는 아미노산인 글리신이 많이 들어 있고, 타우린이 풍부해 콜레스테롤을 낮추는 기능도 있죠. 그런데 우리가 일상에서 흔히 보는 조개인 가리비에는 아주 많은 비밀이 숨어 있습니다.

만화 〈네모 바지 스폰지밥〉을 보면 새가 날아다니듯 바다를 날아다니며 헤엄치는 조개들이 나옵니다. 조개가 헤엄치는 모습이 꼭 만화적 표현처럼 보여서 사실이 아니라 오해하기도 하지만, 정말로 헤엄치는 조개가 있답니다! 지금 살펴볼 가리비가 헤엄치는 조개의 실제 모델이죠.

가리비의 눈은 어디에 있을까?

가리비는 개조개처럼 단단한 패각 두 개를 지니는 연체동물, 이 매패류입니다. 다른 이매패류와 생김새는 비슷하지만, 이매패류 중에서 가리비는 가장 독특한 생활 방식과 몸 구조를 지닙니다. 가 리비는 어떤 특이한 점이 있는지 알아볼까요?

가리비는 오목하고 하얀 패각이 밑면입니다. 윗면은 어두운 색 을 띠는데 그 이유는 포식자들의 눈에 덜 띄게 하기 위해서죠. 가 리비 내부 외투막의 가장자리에는 점 같은 무늬가 찍혀 있는 것을 볼 수 있는데, 이것은 전부 가리비의 눈이랍니다. 조개 대부분은 눈이 없는데, 가리비는 외투막 가장자리를 따라 눈이 200개가량 퍼져 있습니다. 가리비의 눈을 실체현미경으로 확대해 보면, 가리 비의 수정체도 관찰할 수 있죠.

① 가리비는 윗면과 밑면이 다른 모습이다. 오목하고 흰색을 띠는 패각이 밑면이다. 이 가리 비는 크기가 큰 참가리비다.

눈

수정체

(10배 확대)

② 가리비 외투막에 찍혀 있는 검은 점이 모두 눈이다. 현미경으로 확대하면 수정체를 볼 수
있다.

가리비의 눈은 매우 특이한 구조입니다. 사람의 눈처럼 볼록렌즈로 빛을 집중시키는 형태가 아니고, 눈 안쪽에 거울 같은 조직이 있고 눈 중심부에 망막이 있어서 빛을 반사시켜 모으는 형태입니다. 마치 우주망원경과 비슷한 원리죠. 이런 가리비의 눈은 수중 시야 확보에 굉장히 효율적이어서 가리비가 포식자를 재빨리 감지할 수 있도록 합니다. 가리비는 눈으로 포식자를 감지하면 빠르게 헤엄쳐 도망가 버리죠. 그럼 가리비는 어떻게 헤엄을 치는 걸까요?

헤엄치는 조개, 가리비

움직임이 거의 없거나 아주 느린 다른 조개(개조개, 굴)와는 달리 가리비는 역동적으로 헤엄치는 조개입니다. 패각 두 개를 캐스터네츠처럼 열었다 닫았다 반복하며 헤엄치는데, 패각이 닫힐 때 패각 뒤쪽에 있는 틈으로 물이 발사되며 추진력을 얻어 이동하죠. 하지만 가리비의 헤엄은 에너지 소모가 매우 커서 한번 제대로 움직였다면 이후 몇 시간은 가만히 있어야 할 정도라고 합니다.

가리비의 패각이 열리고 닫히는 원리를 알기 위해서는 가리비 내부를 봐야 해요. 가리비의 관자 부분을 잘라 주면 반으로 열리는데, 이 관자가 앞서 조개에서도 살펴본 폐각근이라는 이매패류의 근육입니다. 폐각근은 양쪽의 패각에 단단히 붙어 있으며, 가리비는 이 근육의 수축과 이완으로 패각을 여닫을 수 있습니다. 가리

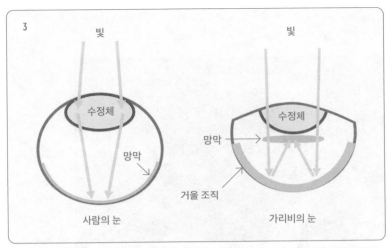

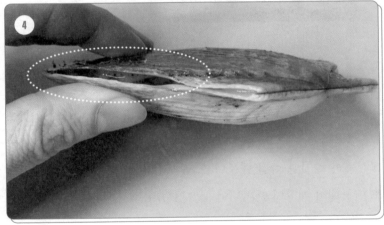

③ 사람의 눈 구조(왼쪽)와 가리비의 눈 구조(오른쪽). 가리비의 눈은 수중 시야 확보에 효율적인 구조로 우주 망원경과 비슷한 원리이다.

④ 가리비 패각 뒤쪽에 있는 틈. 패각이 닫힐 때 이 틈으로 물이 발사되는데 이때 가리비는 추진력을 얻어 이동한다.

⑤ 가리비는 폐각근의 수축과 이완으로 패각을 열고 닫으며 헤엄친다. 가리비는 폐각근이 아주 잘 발달되어 있다.

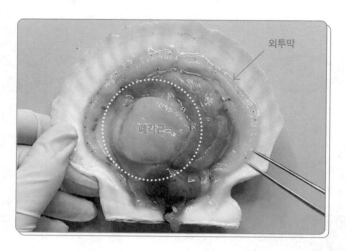

비는 이런 폐각근의 빠른 수축과 이완을 이용해 헤엄치는 법을 터득한 것이죠. 그러니 가리비는 이 폐각근이 아주 잘 발달되어 있겠죠? 가리비가 '가리비 관자 구이'로 사랑받는 이유는, 이 잘 발달된 폐각근의 쫄깃한 식감 때문이죠. 패각과 붙어 있는 막은 외투막으로 이곳에서 패각이 분비되어 생성됩니다.

가리비는 해감하지 않아도 되는 이유

가리비의 내부를 보면, 우리가 흔히 보는 바지락과 같은 조개류와는 다릅니다. 이는 가리비가 살아가는 서식지의 환경과 관련이 있죠. 바지락, 개조개 등 조개 대다수는 발을 이용해 흙 속으로 들어간 후 빨대 같은 입수관과 출수관을 밖으로 빼서 물의 흐름을 만들어 호흡과 식사를 합니다.

하지만 가리비는 흙 속에 파묻혀 생활하지 않고, 해저 면에 덩그러니 놓여 있습니다. 이런 생활 습성 때문에 가리비는 조리 시 찌꺼기인 해감을 빼지 않아도 되는 이매패류이죠. 땅 속에 숨지 않으면 잡아먹힐 위험이 높아지지만, 가리비는 헤엄쳐 도망칠 수 있기 때문에 그 위험은 상당히 줄어듭니다. 그래서 가리비는 다른 조개들과는 달리 발이 굉장히 축소된 형태이고, 입수관과 출수관도 없는 구조입니다.

가리비의 폐각근 주변에 있는 것은 아가미입니다. 위아래로 위치한 아가미는 호흡의 기능도 하지만 물속의 플랑크톤 등 먹이를

⑥ 가리비는 폐각근이 잘 발달되어 있지만 발은 축소된 형태이다. 반면 바지락은 발이 잘 발달되어 있다.

걸러 먹는 역할도 한답니다. 가리비뿐만 아니라 다른 이매패류 모두 호흡과 먹이를 걸러 먹는 데 아가미를 사용합니다.

가리비의 아가미를 살짝 들어 내부를 보면, 가리비의 생식소를 볼 수 있어요. 붉은빛을 띠면 난소로서 암컷이고, 흰빛을 띠면 정소로서 수컷입니다.

생식소 뒤편에는 발이 이어져 있습니다. 그리고 발 뒤편에는 가리비의 입이 있고, 관자 뒤편에 소화샘, 식도, 위, 장이 있습니다. 폐각근 옆을 보면 장이 지나는데, 폐각근 옆쪽에 가리비의 배설물이 배출되는 항문도 있죠.

그리고 가리비의 주된 먹이는 플랑크톤인데, 3~6월에는 독성을 띠는 플랑크톤이 많아져서, 가리비 소화관에 패류 독소가 있을 위험이 큽니다. 독성이 있는 플랑크톤은 수온의 상승이 시작되는 3월부터 발생하기 시작해, 해수 온도가 15~17도일 때 최고치를 나타내고 18도 이상으로 상승하는 6월 중순경부터는 자연히 소멸됩니다. 그래서 이 시기에 가리비를 먹을 때는 관자 뒤편의 소화샘과 소화기관이 몰려 있는 부분은 제거하고 먹는 것이 안전하죠.

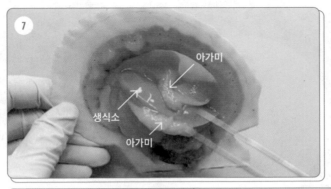

7

아가미

생식소

아가미

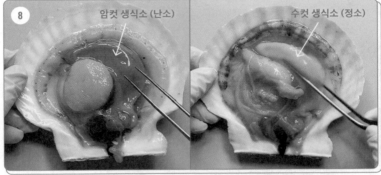

8

암컷 생식소 (난소)

수컷 생식소 (정소)

9

항문이 있는 부위

발

입이 있는 부위

소화샘,
소화기관이 있는 부위

⑦ 가리비의 아가미는 위아래에 위치하고, 그 사이 생식소가 있다.

⑧ 암컷의 생식소는 붉은빛, 수컷의 생식소는 흰빛을 띤다.

⑨ 3~6월에는 패류 독소가 최고치인 시기이므로, 소화샘과 소화기관을 제거하고 먹는 것이
안전하다.

〈네모 바지 스폰지밥〉에서
조개들이 날아다니는 게
과장이 아니었군요!

그럼요. 실제 모습이랍니다.
가리비가 헤엄치는 습성을 지닌
덕분에 우리들은 쫄깃쫄깃한
관자 요리를 먹을 수 있는
것이죠!

바닷속 가리비야!
더 열심히
날아다니거라!

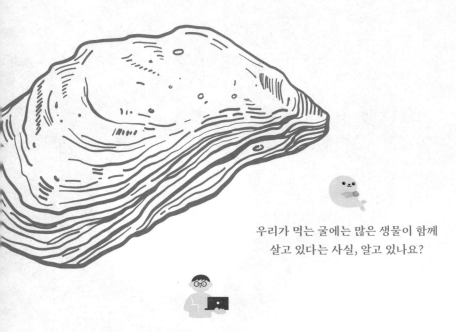

우리가 먹는 굴에는 많은 생물이 함께
살고 있다는 사실, 알고 있나요?

정말요? 어떻게 그게 가능하죠?

굴에 여러 생물이 살아가는 건 굴의
'생활 습성'과 관련이 있어요. 굴의 패각과
내부에서 다양한 생물을 발견했으니,
함께 살펴볼까요?

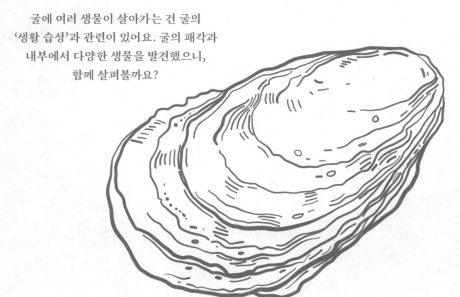

13 | 굴

굴에서 살고 있는 다양한 생물들

얼마 전 굴을 먹다가 굴 내부에 작은 찌꺼기들이 있는 걸 발견했어요. 굴 내부에 있는 찌꺼기를 가져와 현미경으로 확대해 보니 아주 신기한 것들이 발견되었습니다! 굴 내부에 무엇이 있었는지 이번 장에서 자세히 알아볼게요.

굴은 돌처럼 생겼죠? 너무 투박하게 생겨서 언뜻 보아서는 껍데기(패각)가 어떤 형태인지 구분이 힘들지만, 굴도 사실 개조개와 가리비처럼 패각 두 개를 가지는 이매패류입니다. 굴의 패각을 자세히 보면 한쪽 패각은 평평하고 반대쪽 패각은 볼록한 형태라는 것을 알 수 있어요.

굴은 바닥 생활을 하는 개조개나 헤엄을 치는 가리비와는 다른 방식으로 살아가는 이매패류입니다. 굴은 조간대의 바위에 부착해 평생을 살아가는 생물이죠. 패각 두 개 중 볼록한 쪽의 패각을 바위에 부착해 살아갑니다. 그래서 굴은 바위에 피는 꽃이라는 의미

① 굴이 서식하는 바위는 일반 바위보다 표면적이 50배까지 넓어지기도 한다.

② (왼쪽) 굴의 패각에는 다양한 생물이 산다. 특히 패각에는 따개비가 많이 붙어 있다. (오른쪽) 따개비의 속살을 꺼낸 모습. 조개삿갓, 거북손과 비슷한 모습이다.

로 석화(石化)라고 불리기도 하죠.[1]

굴 외부에서 발견된 생물들

그런데 굴이 서식하는 바위는 굴 패각의 울퉁불퉁한 표면 덕분에 일반 바위보다 표면적이 50배까지도 넓어지게 됩니다. 이런 특성 때문에 굴은 여러 해양생물의 서식처가 되어 주기도 하죠.

그래서 조금만 자세히 관찰하면 굴에서 살아가는 여러 생물을 발견할 수 있습니다. 굴에서 쉽게 볼 수 있는 생물은 패각 외부에 무수히 붙어 있는 따개비입니다. 따개비가 어떤 생물인지 알기 위해 속살을 꺼내 관찰해 보면, 거북손, 조개삿갓과 굉장히 비슷하게 생긴 것을 알 수 있죠. 따개비는 거북손, 조개삿갓과 같은 만각류이기 때문이죠. 그리고 굴의 패각에서 정체를 알 수 없는 이상한

---

1 굴이 먹이를 먹으려 입을 벌렸을 때의 모습이 마치 돌 위에 핀 꽃과 같다는 뜻입니다. 어리굴이라고도 하는데 이는 '어리다' '작다'라는 뜻으로 바위에서 자란 자연산 굴을 말해요.
   자연산 굴과 양식 굴을 비교하면, 자연산 굴은 갯벌의 돌에서 자라 밀물 때는 해수에 잠기고, 썰물 때는 햇빛에 드러나기 때문에 자라는 속도가 느리고, 크기가 작은 편입니다. 하지만 고소한 단맛은 양식 굴보다 진한 편이죠. 반면, 양식 굴은 항상 해수에 잠겨 있어 플랑크톤을 늘 섭취해 자라는 속도가 빠르죠. 그래서 자연산 굴보다 굵고 큽니다. 사람에 따라 맛의 선호도에는 차이가 있지만, 영양 면에서는 큰 차이가 없답니다.

③ 굴 패각에서 환형동물인 짧은미륵비늘갯지렁이도 발견되었다. 심지어 살아 있었다.

생물도 발견되었습니다. 현미경으로 관찰해 보니 환형동물 다모강
생물인 짧은미륵비늘갯지렁이(할로시드나 브레비세토사)였습니다.
굴에는 갯지렁이들도 살고 있네요.

이 밖에도 굴 패각에는 해초부터 해면동물, 말미잘, 갑각류 등 수많은 생물이 살고 있으니, 굴을 먹을 때 자세히 관찰해 보세요. 입맛은 조금 떨어지지만 꽤 재미있답니다.

굴 내부에는 어떤 생물이 발견될까?

그럼 굴 내부를 관찰해 보겠습니다. 굴 내부에서도 다른 생물이 발견될까요? 먼저 단단한 굴 패각을 열어야겠죠. 굴은 패각이 무척 날카롭고, 패각 두 개를 단단하게 조이듯 닫고 있어서 열기가

④ 굴의 중간에 위치한 폐각근을 칼로 자르면 쉽게 패각을 분리할 수 있다. 오른쪽 패각 안쪽의 흔적은 폐각근이 붙어 있던 자리.

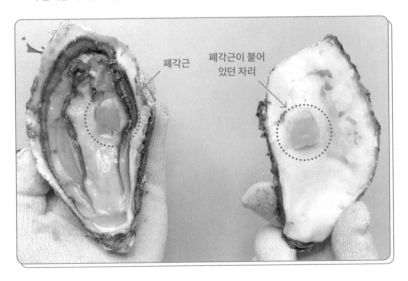

폐각근

폐각근이 붙어
있던 자리

어렵습니다. 먼저 패각을 조금 잘라 내어 틈을 만들고, 굴의 내부 중간쯤에 위치한 폐각근을 잘라 열어 줘야 하죠. 폐각근은 굴의 패각을 잡아 주는 근육이기 때문에, 폐각근만 자르면 쉽게 열 수 있습니다.

패각을 열어 보면 내부에 폐각근이 붙어 있던 흔적을 볼 수 있죠. 패각이 볼록할수록 내부의 속살이 알차답니다. 속살이 두툼한 굴을 먹고 싶다면, 패각이 볼록한지 살펴보는 게 좋겠죠?

굴의 패각을 열자마자 바다 향이 가득 퍼지네요. 이는 굴이 바닷물이 빠져나가지 않을 정도로 패각을 꽉 닫고 있었기 때문입니다. 이렇게 패각을 꽉 닫을 수 있는 덕분에 굴은 물 밖에 나와 있어도 패각 내부의 바닷물을 이용해 다른 조개류보다 더 오래 생존할 수 있답니다. 굴은 물 밖에서도 무려 일주일 이상 생존하죠. 특히 온도를 낮게 유지하면 신진대사가 느려지기 때문에 더 오래 생존할수 있습니다. 그래서 우리가 마트에서도 싱싱한 굴을 쉽게 구할 수 있는 겁니다.

굴의 속살을 자세히 들여다볼까요? 패각과 붙어 있는 막이 패각을 분비하는 외투막입니다. 전복, 소라, 조개 등 패각을 지니는 연체동물은 모두 이 외투막이라는 부위로 패각을 분비해 만들어 내는데, 굴도 그렇습니다. 굴의 외투막을 제거해 내부를 보면, 아가미 네 겹을 볼 수 있습니다. 아가미가 이렇게 큰 공간을 차지하는 이유는 굴이 속하는 이매패류 생물은 호흡뿐만 아니라 먹이 섭취에 아가미를 이용하기 때문이죠.

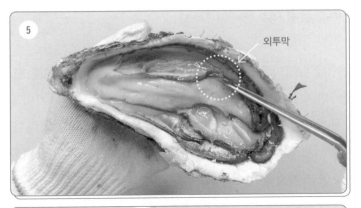

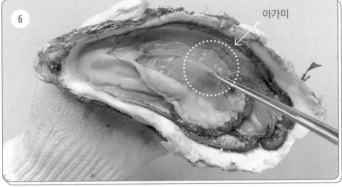

⑤ 굴의 속살 가장 바깥쪽에는 패각을 분비하는 외투막이 있다. 반대편에도 패각에 붙어 있
　는 외투막을 확인할 수 있다.

⑥ 외투막을 젖히면 내부에 아가미 네 겹을 볼 수 있다.

유기물을 걸러 먹는 굴의 여과섭식

그래서 굴 아가미를 보면 작은 찌꺼기들이 관찰될 때가 있는데, 이는 굴이 먹이를 섭취하고 있는 흔적인 겁니다. 굴처럼 아가미로 물속의 유기물을 걸러 섭취하는 방법을 여과섭식이라고 합니다. 굴이 먹고 있는 것이 무엇인지 알아볼까요? 스포이트로 이 유기물을 빨아들여 가져와 현미경으로 확대해 보았습니다.

⑦ 굴 아가미에 있는 유기물을 확대하니 자포동물의 유생이 발견되었다. 굴은 아가미를 통해 물속의 먹이를 걸러 먹는다.

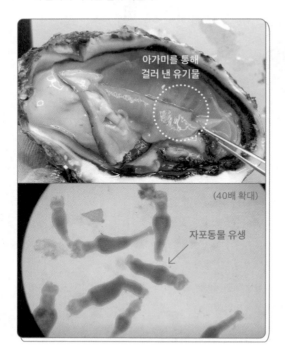

아가미를 통해
걸러 낸 유기물

(40배 확대)

자포동물 유생

그냥 찌꺼기인 줄 알았는데 확대해 자세한 형태를 보니, 히드라, 말미잘과 같은 자포동물의 유생이네요. 심지어 유생이 아직도 살아서 움직이고 있었어요. 굴은 이렇게 아가미를 통해 물속의 먹이를 걸러 낸 후, 섬모의 움직임을 통해 윗부분의 입으로 이동시켜 섭취합니다. 입으로 들어간 먹이는 소화샘과 위를 지난 후 장을 거쳐서 폐각근 옆에 있는 항문으로 배출되죠.

⑧ 아가미를 통해 먹이를 섭식하면, 양분은 윗부분의 입술수염으로 이동한 후 안쪽의 입으로 들어가게 된다. 소화샘과 위, 장을 거쳐 폐각근 옆의 항문으로 배출된다.

⑨ 이곳이 굴의 항문이다. 눌러 주니 배설물이 나온다.

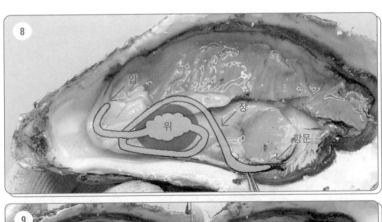

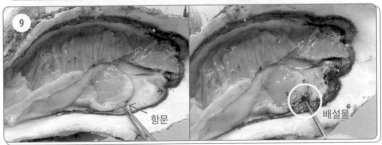

성별을 전환할 수 있는 굴

　굴의 생식소는 소화관 윗부분에 위치하는데, 굴은 생식 방법도 굉장히 특이한 생물입니다. 굴은 '교대성 자웅동체'로 생식 시기에 수컷과 암컷이 교대로 발현됩니다. 굴은 생식 시기에 따라 어느 기간에는 암컷이 되고 어느 기간은 수컷이 되는 식으로 번갈아 성을 전환해 정자와 난자를 교대로 생산한답니다.

　대부분 수컷 생식기관이 먼저 성숙하는 웅성선숙을 보이지만, 환경에 따라 암컷에서 다시 수컷으로 변하기도 하죠. 수컷의 정자와 암컷의 알(난자)이 수정되어 태어난 굴의 유생은 처음부터 한곳에 부착해 사는 것은 아니고, 헤엄치며 자유 생활을 하다가 20일쯤부터 바위에 부착해 평생을 살아가게 된답니다.

⑩ 헤엄치며 자유로운 생활을 하는 굴의 유생.

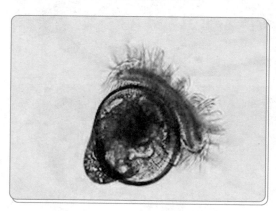

와, 선생님. 굴에는 정말 많은 생물이 살고 있군요. 그래도 굴이 맛있다는 사실은 변함없으니 오늘 저녁은 굴을 먹어야겠어요!

맞아요. 굴은 세계적 진미로 여겨지는 해산물이죠! 그런데 굴은 노로바이러스나 비브리오균 등 바이러스나 세균에 오염될 위험이 높은 식재료이기도 해요. 그래서 굴은 미국 공익과학센터(CSPI)가 미국 질병통제예방센터(CDC)의 자료를 토대로 열거한 '가장 위험한 음식'에서 4위를 차지하기도 했을 정도죠. 삶아서 먹으면 대부분 예방이 가능하지만, 날것으로 먹을 때는 조심하는 것이 좋답니다!

굴은 가급적 익혀서 먹는 게 좋겠네요!

전복은 어떤 생물일까요?

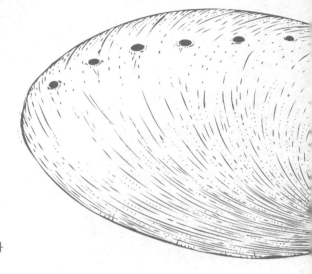

앞에서 본 개조개나 가리비와
비슷해 보이는걸요?

아니에요. 전복은 사실 개조개나 가리비와 같은
이매패류보다는 달팽이와 분류학적으로
가까운 생물이랍니다.
전복을 한번 자세히 살펴볼까요?

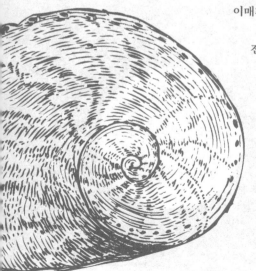

14 | 전복

전복은 바다에 사는 달팽이

　　　　　　　　전복은 마트에서 쉽게 구할 수 있죠? 그럼
전복을 자세히 관찰해 본 적이 있나요? 전복의 더듬이는 보았나
요? 입은? 눈은? 그리고 껍데기의 구멍은요? 우리는 주변에서 전
복을 꽤 쉽게 볼 수 있지만, 자세히 관찰해 본 적은 별로 없었을 거
예요.

　이번 장에서는 전복을 아주 제대로 관찰해 보겠습니다. 우선 전
복은 몸이 무척 부드러운 연체동물입니다. 연체동물은 발의 위치
와 형태가 중요한 분류 기준이 된답니다. 문어, 오징어처럼 발이
머리에 달리면 두족류이고, 개조개, 가리비와 같은 이매패류의 경
우는 도끼 모양의 발을 지녔기 때문에 '도끼 부(斧)'를 붙여 부족류
라고도 하죠.

　그럼 전복의 발은 어디에 있을까요? 전복은 연체동물 중 복족류
에 해당하는 생물인데, 복족류의 복은 '배 복(腹)'으로, 발이 배 부

① 전복은 연체동물이다. 발은 배 부분에 있어서, 복족류라고 불린다.

전복의 발

위에 있는 생물이라는 의미입니다. 전복의 발은 몸의 아랫부분에 넓게 위치해 있습니다. 우리가 전복을 먹을 때 주로 먹는 부분이 바로 전복의 발 부위죠.

　이런 전복은 납작한 패각을 지니고 있고,[1] 그 모습이 사람 귀를 닮았다 하여 '귀조개'라고도 불립니다. 그런데 이 '조개'라는 용어는 개조개나 가리비처럼 패각 두 개를 지니는 이매패류 생물을 의미하는 단어로 오해될 소지가 있어요. 전복의 패각은 한 개라는 점

1　자개라고 부르는 나전칠기의 무지갯빛으로 반짝이는 부분은 전복 껍데기를 얇게 갈아 붙인 뒤 세공하는 거랍니다. 패각에 탄산칼슘과 단백질이 번갈아 치밀하게 쌓여 오색 빛깔이 반사되는 것이죠. 또 전복은 진주를 품기도 하죠. 전복 진주는 다른 진주보다 희귀해 높은 가치로 대접받습니다. 가장 비싸게 팔린 전복 진주는 약 17억 원이 넘었다고 하네요.

을 생각한다면, 전복이 이매패류가 아니란 점을 쉽게 알 수 있겠죠?

전복은 사실 이매패류보다 달팽이에 훨씬 가까운 생물입니다. 전복은 달팽이, 소라, 고둥과 함께 복족류로 분류되죠. 복족류 중에는 민달팽이, 군소처럼 패각이 없는 종도 있지만, 복족류 대부분은 패각 한 개를 지닙니다.

② 복족류(달팽이, 소라, 고둥)의 패각은 나선형으로 감겨 있다.

③ 전복의 패각 또한 나선형으로 감겨 있다.

잠시 달팽이, 소라, 고둥 등 패각을 지닌 복족류를 떠올려 보세요. 패각이 나선형으로 감겨 있다는 것을 알 수 있죠? 전복의 패각도 자세히 보면 나선형으로 감겨 있습니다. 전복에서 점점 달팽이와 비슷한 모습들이 발견되죠? 지금부터 전복을 좀 더 자세히 관찰해 봅시다!

우리가 전복에서 보지 못한 것들

전복은 신기한 점이 아주 많은 생물입니다. 전복은 배에 위치한 근육질 발을 통해 물결을 일으켜 움직이며 이동하는데요, 이는 달팽이가 움직이는 방식과 똑같습니다. 이때 전복의 발은 흡입력(부착력)이 굉장히 강해서, 손으로는 떼어 내기 힘들 정도죠. 그리고 전복은 머리 부분에 더듬이 한 쌍이 있습니다. 더듬이 옆에 눈도 한 쌍 위치하죠. 머리 부분을 확대해 보면 전복의 눈을 꽤 자세히 볼 수 있어요.

눈과 더듬이 밑에는 입이 있는데, 전복은 이 입으로 해조류들을 갉아 먹으며 살아간답니다. 그럼 이제 전복 내부를 보기 위해, 몸과 패각을 분리해 보겠습니다. 전복은 패각과 몸이 폐각근으로 붙어 있어요. 그래서 앞서 다룬 이매패류처럼 폐각근을 잘라 주면 패각과 몸이 쉽게 분리되죠.

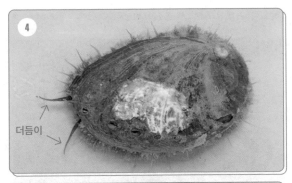

더듬이

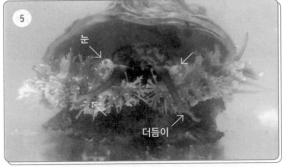

눈

더듬이

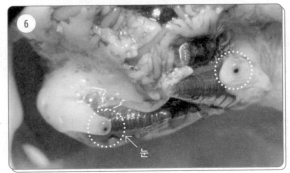

눈

④ 전복의 더듬이.

⑤ 더듬이 옆에 눈도 있다.

⑥ 전복의 눈을 자세히 보자.

⑦ 눈과 더듬이 밑에는 입이 있다. 이 입으로 해조류를 갉아 먹는다.

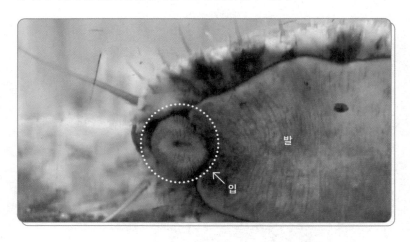

전복의 항문은 왜 이상한 곳에 있을까?

전복의 머리 부분을 보면, 머리 옆 부분에는 아가미가 한 쌍 있습니다. 그리고 아가미 아래쪽에는 항문이 있습니다. 아가미와 항문이 머리 옆 부분에 덩그러니 위치하는 것이 뜬금없어 보이지 않나요? 전복의 소화관은 머리 부분에서 배 쪽으로 내려왔다가 장이 몸을 둘러 올라가서 아가미 쪽으로 이어집니다. 그래서 항문이 아가미 아래에 있는데, 이 항문과 아가미의 애매한 위치는 패각을 덮으면 이해됩니다.

전복 패각의 측면 한쪽에는 구멍들이 난 것을 볼 수 있습니다. 전복의 아가미와 항문은 이 패각의 구멍 밑부분에 있게 되는 구조인거죠. 전복은 패각의 구멍을 통해 드나드는 물을 이용해 아가미로

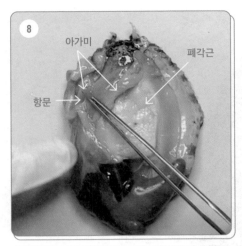

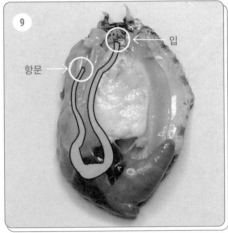

⑧ 항문은 아가미 아래쪽에 있다.

⑨ 전복의 소화관 흐름도.

⑩ 패각의 구멍을 통해 호흡하고 배설하고, 생식세포(정자, 알)를 배출한다.

호흡하고, 배설물도 배출합니다. 정자와 알 또한 이 구멍에서 나오게 되고요. 이렇게 패각의 구멍을 통해 물의 흐름을 이용하므로 전복의 아가미와 항문이 머리 옆의 같은 부위에 위치하는 거랍니다.

전복의 이빨 달린 혀, 치설

그리고 전복의 머리 부분을 갈라 보면 굉장히 특이하게 생긴 기관을 꺼낼 수 있습니다. 이 길쭉한 부위는 많은 사람들이 전복의

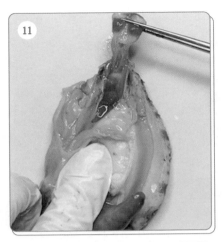

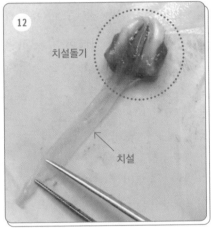

치설돌기

치설

⑪ 전복의 머리 부분을 가르면 치설과 치설 돌기를 꺼낼 수 있다.

⑫ 전복은 치설을 이용해 굴삭기처럼 해조류를 갉아 먹는다.

⑬ 치설을 확대하면 이빨이 톱니처럼 나열되어 있는 것을 볼 수 있다.

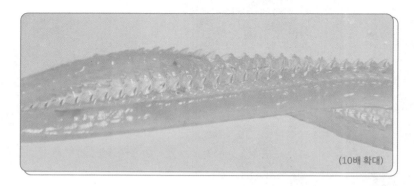

(10배 확대)

식도로 오해하는데, 식도가 아닙니다. 이는 전복의 입에 있는 치설이라는 줄 모양 기관입니다. 치설은 말 그대로 이빨이 있는 혀인데, 확대해 보면 이빨이 톱니처럼 나열된 구조고, 자유롭게 휘어집니다. 전복은 이 치설을 이용해 굴삭기처럼 해조류를 긁어 먹으며 삽니다.

치설 앞부분의 독특한 구조는 치설 돌기라고 불리는 부위로, 치설의 움직임을 통제하는 부분입니다. 달팽이, 소라 등도 모두 이 치설을 이용해서 먹이를 긁어 먹죠. 치설은 이매패류를 제외한 거의 모든 연체동물에서 볼 수 있는 부위랍니다.

전복 내장의 정체는 생식소!

그리고 아래쪽을 보면 황소 뿔처럼 생긴 부분이 있습니다. 우리가 흔히 내장이라 부르며 많이 먹는 부위입니다. 하지만 이 부위는 정확히 말하면 전복의 생식소입니다. 녹색을 띠면 암컷이고, 베이지색을 띠면 수컷입니다. 특이하게도 전복의 생식소는 간을 둘러싸고 있어서 생식소 내부에 간이 위치합니다.

생식소 옆의 투명한 부분은 전복의 심장인데, 전복의 혈액은 투명해서 심장도 이렇게 투명하게 보인답니다. 연체동물은 대부분 혈액 속에 헤모글로빈 대신 헤모시아닌이라는 색소단백질이 있어

⑭ 전복의 생식소. 녹색을 띠면 암컷, 베이지색을 띠면 수컷이다.

피가 붉지 않습니다. 전복의 피는 평소에는 투명하게 보이다가 산소를 만나면 옅은 푸른빛을 띠게 되죠.[2] 우리가 자주 먹는 전복에 이렇게나 많은 비밀이 숨어 있었답니다.

⑮ 전복의 투명한 심장. 전복은 혈액이 투명하다. 연체동물은 대부분 혈액 속에 헤모시아닌이라는 색소단백질이 있어, 산소를 만나면 옅은 푸른빛을 띤다.

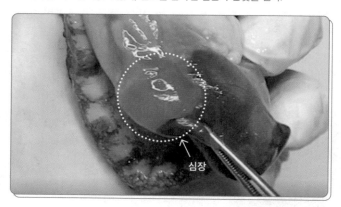

심장

....

2 헤모글로빈은 철을 함유하는 빨간 색소인 헴과 단백질인 글로빈의 화합물로, 적혈구 속에 있습니다. 산소와 쉽게 결합해 주로 척추동물의 호흡에서 산소를 운반하는 데 중요한 역할을 하죠.
헤모시아닌은 연체동물이나 절지동물의 혈장 속에 들어 있는 색소단백질의 하나로 구리를 함유합니다. 헤모시아닌도 산소와 결합해 산소를 운반하는 역할을 하는데, 구리는 산소와 만나면 푸른빛을 띠게 되므로 전복의 혈액이 푸르스름하게 보인답니다.
전복 이외에 오징어, 문어, 새우 등의 혈액도 산소와 만나면 푸르스름하게 보이죠. 하지만 같은 연체동물이라도 홍합, 피조개는 헤모글로빈을 지니므로 피가 붉어요.

220

이제 전복은 조개가 아닌
달팽이에 더 가까운 생물인 걸
알겠죠? 어때요?

음, 선생님. 설명을 듣고 보니,
이제 달팽이도 먹을 수
있을 것 같은걸요?

아하하, 네…… 뭐,
에스카르고라는 프랑스의
달팽이 요리가 있긴 하죠.

여러분, 오늘은 바닷가에 가면 꽤 쉽게
볼 수 있지만, 사람들 대부분은 잘 모르는
생물을 소개하려고 합니다.

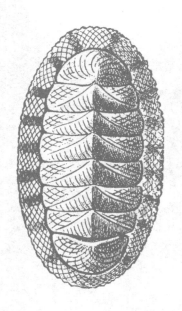 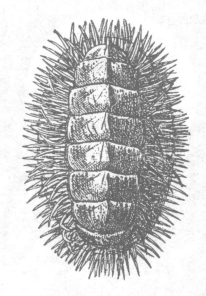

어떤 생물인가요?

군부입니다. 화석처럼 생겼죠.
그럼 이 신비한 생물을 해부해 볼까요?

15 │ 군부

화석같이 생긴 신비한 생물

군부는 우리나라 해안가에서 쉽게 볼 수 있는 생물입니다. 서해와 남해, 제주도에 특히 많이 서식하고 있죠. 움직이지 않을 것처럼 보이지만, 몸을 공벌레처럼 말기도 하고 이리저리 바쁘게 기어다니는 꽤 역동적인 생물입니다.

① 군부는 해안가에서 쉽게 볼 수 있다.

군부는 파도가 치는 조간대에서 쉽게 볼 수 있는데, 파도에 휩쓸리지 않도록 바위에 강하게 부착해 있습니다. 그래서 군부는 전복처럼 밑부분이 빨판과 같은 역할을 하죠. 군부는 바위에 꽤 단단히 붙어 있기 때문에 떼어 내려면 도구를 이용해야 할 정도입니다. 군부에 대해 자세히 알아볼까요?

단단한 패각을 둥글게 말 수 있는 비결

군부는 해외에는 40센티미터가 넘게 자라는 큰 종도 있지만, 우리나라의 종은 대부분 5센티미터 정도의 크기로 자랍니다. 군부는 등 부분에 단단한 패각이 있는데, 특이하게도 이 단단한 패각을 공벌레처럼 둥글게 말 수도 있죠. 바위에서 떼어 내면 몸을 말아 버리다가, 가만히 놓아 두면 다시 몸을 폅니다. 군부가 단단한 패각을 유연하게 펴고 접을 수 있는 비결은 군부의 패각이 다른 연체동물의 패각과 달리 독특한 구조로 이루어진 덕분입니다.

군부는 앞선 장에서 살펴본 이매패류(개조개, 가리비, 굴)와 복족류(전복)에 속하는 연체동물과는 다른 다판류(군부류)에 속하는 연체동물입니다. 연체동물 대다수는 부드러운 몸을 보호하기 위해 패각을 만들어 내는데, 다판류는 특이하게 각판 여덟 개로 이루어진 패각을 만들어 내는 연체동물입니다. 연체동물에서는 패각의 형태, 개수가 분류 기준 중 하나인데, 군부는 여러 판으로 된 패각을 지녀 다판류라 불리는 것이죠.

몸을 수축한 말미잘

군부

② (왼쪽) 군부는 몸을 공벌레처럼 말기도 한다. (오른쪽) 밑면의 모습.

③ 말미잘 옆, 돌 틈에 다닥다닥 붙어 있는 군부의 모습. 떼어 내려면 스크래퍼 등의 도구를 이용해야 할 정도로 단단히 붙어 있다.

패각의 특징에 따라 분류된 연체동물들을 살펴보면, 넓적한 방패 모양의 패각 하나를 지니는 '단판류', 패각 두 개를 지니는 '이매패류', 각판 여덟 개를 지니는 '다판류', 패각이 없는 '무판류', 뿔이나 상아 모양 패각을 지니는 '굴족류' 등이 있죠. 패각의 특징만이 연체동물을 가르는 기준은 아니기 때문에 발의 생김새, 위치에 따라 '부족류' '복족류' '두족류'로도 나뉩니다.

다판류 생물 중에는 간혹 각판이 내부에 감싸인 종도 있지만, 다판류는 모두 몸 윗부분에 각판 여덟 개로 이루어진 패각이 있습니다. 제가 잡은 이 군부의 각판도 여덟 개입니다. 각판을 조심히 분리해 보면, 여덟 개를 따로 분리해 낼 수 있는데 이 각판들이 기왓장처럼 겹쳐져 있습니다.

각판 여덟 개는 띠 모양의 근육질 부위인 육대에 의해 고정되어 있는데, 이 근육질 부분은 단단하면서도 아주 유연하게 움직일 수 있습니다. 이처럼 각판 여덟 개가 겹쳐지듯 배열되어 있고 육대를 이용해 자유롭게 각판을 움직일 수 있기 때문에 군부는 몸을 둥글게 말 수도, 펼 수도 있었던 겁니다.

군부는 머리 부위가 없다?

그리고 군부의 밑면은 전복과 꽤 비슷하게 생겼죠? 이 부분은 바로 군부의 발입니다. 군부는 전복처럼 근육질의 발을 이용해 바닥에 붙어서 기어 다닙니다. 근육질 발을 빨판처럼 이용해 바위에

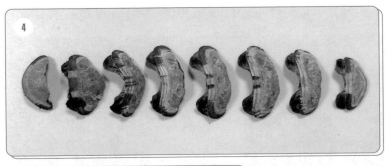

육대

④ 군부의 패각을 하나씩 떼어 보면, 각판 여덟 개로 이루어진 것을 확인할 수 있다.

⑤ 각판은 이 육대에 의해 고정되어 있다.

⑥ 군부와 전복의 밑면은 꽤 비슷하게 생겼지만, 군부는 전복과 달리 머리와 눈, 더듬이가 없다.

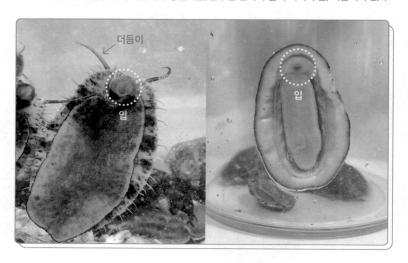

강하게 붙을 수 있는 것도 전복을 닮았습니다. 하지만 군부가 전복과 크게 다른 점은 군부에는 머리라고 부르는 부분이 없다는 것입니다. 군부는 전복과 달리 머리와 눈, 더듬이를 지니지 않습니다. 해외의 일부 종은 머리 앞에 더듬이가 있기도 하지만 군부 종 대다수는 더듬이와 눈이 없이 입만 가지기 때문에 머리 부위가 없다고 표현되죠.

그러나 군부는 우리가 흔히 보는 형태의 눈 대신, 단단한 각판 표면에 빛을 감지하는 특이한 기관인 안점이 수백 개 있습니다. 그래서 군부는 각판의 안점들로 빛과 주변의 움직임을 감지할 수 있답니다.

⑦ 군부는 눈이 없고, 각판 표면에 탄산칼슘으로 이루어진 특이한 시각기관인 안점을 수백
개 지닌다.

(이 진한 부분이
안점이다.)

군부의 소화관과 생식소

군부는 눈은 없지만 발 윗부분에 입은 확실히 있습니다. 군부가 어떻게 먹이를 먹는지 알아보기 위해 입과 배 부분을 가르면, 안쪽에 있는 신기한 기관을 꺼낼 수 있습니다. 이는 전복에서도 볼 수 있었던 부위인 줄 모양의 이빨, 치설입니다. 군부의 치설은 줄 같은 조직을 따라 이빨이 배열된 구조입니다.

⑧ 군부의 입과 배 부분을 잘라 입 쪽 내부를 당기면 치설이 나온다.

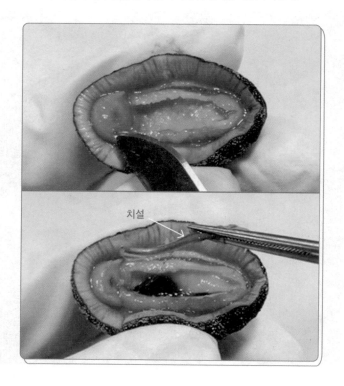

⑨ 치설을 확대하면 줄 모양으로 이빨이 배열되어 있음을 알 수 있다.

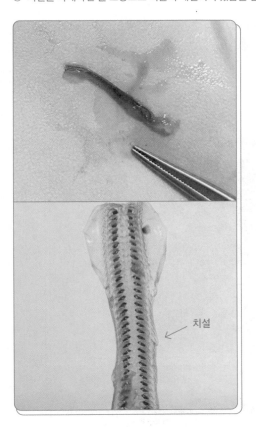

치설

이 치설을 굴삭기처럼 이용해 바위에 붙은 조류를 갉아 먹으며 살아갑니다. 군부와 전복의 치설은 굉장히 비슷한 모양인데, 이 치설은 연체동물에서 흔히 보이는 이빨 구조랍니다.

마지막으로 군부의 내부 기관들을 간단히 소개하며 마치겠습니다. 군부는 입의 반대편에 항문이 있습니다. 군부의 소화관은 입에서부터 항문까지 쭉 이어져 있죠. 군부의 발 양옆으로 아가미가 있는데 이 아가미를 이용해 호흡하고, 군부의 생식소는 소화관 위쪽에 있어서 발 옆부분에 있는 생식공을 통해 생식세포인 정자와 난자가 나온답니다.

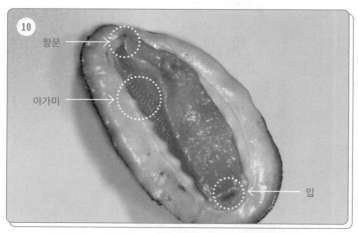

⑩ 발 양옆에 아가미가 있다. 아가미로 호흡한다.

⑪ 군부의 소화관과 생식소의 구조.

군부의 속살을 보니 전복과
굉장히 닮았네요.
먹기도 하나요?

네, 저도 몰랐던 사실인데, 먹기도 한답니다!
먹거리가 귀한 시절, 이 군부를 데쳐 각판을 떼고
무침으로 먹기도 했대요. 지금은 별미로
즐기는 사람도 있고요. 식감은 오독오독,
쫄깃쫄깃하다네요. 사람 이외에 갈매기,
불가사리, 게, 바닷가재, 물고기 들도
군부를 잡아먹는다고 합니다.

에필로그

진화론의 증거, 분류학이 밝히는 생명의 신비

　이 책에서는 척추동물 어류부터 극피동물, 절지동물, 연체동물 순으로 같은 분류군에 속하는 생물끼리 묶어서 차례를 구성했습니다. 혹시 책을 읽으며 같은 분류군에 속하는 생물은 외부 형태나 내부 기관이 유사하다는 사실을 눈치챘나요?

　예를 들어 연체동물 중 이매패류에 속하는 개조개, 가리비, 굴은 생활 습성에 따라 몸이 조금씩 다르지만, 패각 두 개를 폐각근으로 닫고 있는 모습과 아가미로 먹이를 걸러 먹는 특성, 그리고 생식소 아래에 도끼 모양의 발이 위치하는 등 공통점이 많습니다.

　그리고 서로 완전히 다른 생물처럼 보이는 불가사리, 성게, 해삼도 같은 극피동물에 속하는데, 자세히 살펴보면 이들은 모두 관족으로 걷고 방사대칭형 몸을 지니며, 수관계라는 독특한 몸 기관을 가지는 공통점이 있죠.

이처럼 지구상의 수많은 생물이 특정한 기준에 따라 무리가 나누어진다는 것은 굉장히 신기한 일입니다. 생물 사이의 유사성을 찾아 분류하는 것은 어떤 의미가 있을까요? 놀랍게도 분류학은 생물학에서 가장 중요한 이론 중 하나인 '진화론'의 증거가 되는 학문이랍니다. 과거에는, 생물은 신이 창조했기 때문에 '종'은 절대 변하지 않는다고 여겼습니다. 하지만 분류학을 통해 발견한 생물 간의 유사성은 생물이 공통된 조상을 가지며, 오랜 시간이 지나며 여러 종으로 분화했다는 '진화'의 강력한 증거가 되었습니다.

분류학적으로 가까운 관계에 있는 생물일수록 공통점이 더 많은데, 생물학자들은 이러한 분류를 통해 생물의 진화적 관계를 분석해 '계통수'라는 나무 형태로 생명의 기원을 설명하죠.

저는 유튜브를 통해 여러 생물을 소개하며 이러한 진화의 흐름을 여러분께 공유하고 싶었습니다. 하지만 유튜브 콘텐츠의 특성상 영상 한 편에 한 생물만 집중해야 해서 항상 아쉬웠어요. 그래서 이 책에서 같은 분류군에 속하는 생물을 묶어서 소개하며, 분류학의 의미를 충분히 느낄 수 있도록 구성해 본 것이죠.

이 책을 통해 생명의 신비를 간접적으로나마 느끼고, 생물학의 즐거움을 좀 더 알게 된다면 좋겠네요. 생물학은 정말 재미있죠? 여러분 모두 생물의 즐거움을 알 때까지! 〈수상한생선〉은 계속됩니다.

참고 문헌

01. 상어

권윤희, 「상어의 난폭한 '짝짓기' 포착, 수컷에게 물린 암컷 몸부림」, 《나우뉴스》, 2021. 2.
    3. nownews.seoul.co.kr/news/newsView.php?id=20210203601010
김인영, 「상어의 생리학적 특징」, 〈어류 도감〉, http://fishillust.com/About_Sharks_3
김재근, 『분류학개론』, 라이프사이언스, 2012.
지플릭스, 「그들만의 사랑법, 격렬하게 물어뜯는 상어의 짝짓기 방식」, 〈지플릭스〉, 2021.
    2. 10. youtube.com/watch?v=cSMRg8SsMZ0
Kardong, K. V., *Vertebrates: Comparative Anatomy, Function, Evolution*, McGraw-
    Hill, 2019, 96쪽.

02. 멸치

김종균, 「물고기서 나오는 석회질 덩어리 이물질로 오해 마세요!」, 《부산일보》, 2017. 1. 19.
    https://www.busan.com/view/busan/view.php?code=20000921000056
김종화, 「물고기는 지능이 낮은 단세포?」, 《아시아경제》, 2020. 2. 4. asiae.co.kr/
    article/2019091015503832993
김진호, 「모르고 먹는 미세플라스틱 얼마나 될까」, 《동아사이언스》, 2020. 6. 13.
    dongascience.com/news.php?idx=37343
닐 캠벨, 전상학 옮김, 『캠벨 생명과학(10판)』, 바이오사이언스출판, 2016.
최인준, 「멸치가 플라스틱 먹는 이유, 먹이와 냄새 비슷하기 때문」, 《조선일보》, 2020. 7. 21.
    chosun.com/site/data/html_dir/2017/08/17/2017081700098.html
Wikipedia, Fish intelligence, en.wikipedia.org/wiki/Fish_intelligence

03. 넙치

국립수산과학원 육종연구센터, 「넙치 수정란 발생과정과 자어 발달 과정」, 2016.
김재근, 『분류학개론』, 라이프사이언스, 2012.

04. 불가사리

김인영, 「불가사리의 생태」, 〈어류 도감〉, fishillust.com/about_starfish_section2?ckattem
    pt=1
김재근, 『분류학개론』, 라이프사이언스, 2012.

닐 캠벨, 전상학 옮김, 『캠벨 생명과학(10판)』, 바이오사이언스출판, 2016.

05. 성게

김재근, 『분류학개론』, 라이프사이언스, 2012.
닐 캠벨, 전상학 옮김, 『캠벨 생명과학(10판)』, 바이오사이언스출판, 2016.
Barnes, R. D., *Invertebrate Zoology*, Philadelphia, 1982, 961-981쪽.

06. 해삼

Ruppert, E. E., Fox, R. S., Barnes, R. D., *Invertebrate Zoology 7th edition*, Cengage
      Learning. 2004, 915쪽.

07. 새우

김재근, 『분류학개론』, 라이프사이언스, 2012.
닐 캠벨, 전상학 옮김, 『캠벨 생명과학(10판)』, 바이오사이언스출판, 2016.

08. 홍게

김재근, 『분류학개론』, 라이프사이언스, 2012.
닐 캠벨, 전상학 옮김, 『캠벨 생명과학(10판)』, 바이오사이언스출판, 2016.

09. 조개삿갓

김재근, 『분류학개론』, 라이프사이언스, 2012.
McClain, C., "The all seeing, all knowing, eye of upside down barnacles", 《Deep Sea
      News》, 2014. 6. 17. deepseanews.com/2014/06/the-all-seeing-all-knowing-eye-
      of-upside-down-barnacles
Wikipedia, Barnacle, en.wikipedia.org/wiki/Barnacle#Cyprid

10. 거북손

김재근, 『분류학개론』, 라이프사이언스, 2012.

11. 개조개

닐 캠벨, 전상학 옮김, 『캠벨 생명과학(10판)』, 바이오사이언스출판, 2016.
Kraeuter, J. N.(Editor), Castagna, M.(Editor), *Biology of the Hard Clam*, Elsevier

Science, 2001.

Wikipedia, Prodissoconch, en.wikipedia.org/wiki/Prodissoconch

12. 가리비

김재근, 『분류학개론』, 라이프사이언스, 2012.

Warrant, E. J., "Visual Optics: Remarkable Image-Forming Mirrors in Scallop Eyes", *Current Biology 28-6*, Cell Press, 2018.

14. 전복

김재근, 『분류학개론』, 라이프사이언스, 2012.

닐 캠벨, 전상학 옮김, 『캠벨 생명과학(10판)』, 바이오사이언스출판, 2016.

15. 군부

김재근, 『분류학개론』, 라이프사이언스, 2012.

닐 캠벨, 전상학 옮김, 『캠벨 생명과학(10판)』, 바이오사이언스출판, 2016.

도판 출처

01. 상어

⑥ © Gettyimages korea. Paulo Di Oliviera.

⑧ © Gettyimages korea. Justin Smith.

⑬ © Wikimedia Commons. Pascal Deynat/Odontobase.

02. 멸치

장표제지 © Gettyimages korea. duncan1890.

03. 넙치

⑧ © Gettyimages korea. 秋山 信彦.

07. 새우

① © Gettyimages korea. Ilbusca.

08. 홍게

① © Gettyimages korea. ilbusca.

09. 조개삿갓

① © Wikimedia Commons. Tom Page, Aurevilly.

③ 위 © Wikimedia Commons. the U.S. National Oceanic and Atmospheric Administration.

③ 아래 © Shape of Life.

⑨ © Gettyimages korea. John Woodcock.

14. 전복

② © Gettyimages korea. Anastasya Skrobova, Bilbil Alikaj & EyeEm, Roman Studio.

15. 군부

⑦ © MIT. Ling Li 외.

수상한생선의 진짜로 해부하는 과학책 1
바다 생물

1판 1쇄 발행 2023년 4월 21일
1판 4쇄 발행 2024년 10월 16일

지은이 김준연
펴낸이 김영곤
펴낸곳 (주)북이십일 아르테

책임편집 김지영
기획편집 장미희 최윤지
디자인 박대성
마케팅 한충희 남정한 최명열 나은경 정유진 한경화 백다희
영업 변유경 김영남 강경남 황성진 김도연 권채영 전연우 최유성
제작 이영민 권경민

출판등록 2000년 5월 6일 제406-2003-061호
주소 (10881) 경기도 파주시 회동길 201(문발동)
대표전화 031-955-2100 팩스 031-955-2151

(주)북이십일 경계를 허무는 콘텐츠 리더

북이십일 채널에서 도서 정보와 다양한 영상 자료, 이벤트를 만나세요!
인스타그램 instagram.com/21_arte   페이스북 facebook.com/21arte
              instagram.com/jiinpill21   facebook.com/jiinpill21
포스트 post.naver.com/staubin   홈페이지 arte.book21.com
          post.naver.com/21c_editors   book21.com

ISBN 978-89-509-4501-5 03400
ISBN 978-89-509-4500-8 (세트)